计算机软件发展与开发研究

刘　玮　著

哈尔滨出版社

HARBIN PUBLISHING HOUSE

图书在版编目（CIP）数据

计算机软件发展与开发研究 / 刘玮著． -- 哈尔滨：
哈尔滨出版社，2023.7
ISBN 978-7-5484-7370-1

Ⅰ．①计… Ⅱ．①刘… Ⅲ．①软件开发－研究 Ⅳ．
① TP311.52

中国国家版本馆 CIP 数据核字（2023）第 129196 号

书　　名：**计算机软件发展与开发研究**
JISUANJI RUANJIAN FAZHAN YU KAIFA YANJIU

作　　者：刘　玮　著
责任编辑：张艳鑫
封面设计：张　华
出版发行：哈尔滨出版社（Harbin Publishing House）
社　　址：哈尔滨市香坊区泰山路 82-9 号　邮编：150090
经　　销：全国新华书店
印　　刷：廊坊市广阳区九洲印刷厂
网　　址：www.hrbcbs.com
E－mail：hrbcbs@yeah.net
编辑版权热线：（0451）87900271　87900272
开　　本：787mm×1092mm　1/16　印张：10　字数：220 千字
版　　次：2023 年 7 月第 1 版
印　　次：2023 年 7 月第 1 次印刷
书　　号：ISBN 978-7-5484-7370-1
定　　价：76.00 元

凡购本社图书发现印装错误，请与本社印制部联系调换。
服务热线：（0451）87900279

前　言

目前，随着网络时代的到来，我国的软件行业飞速发展，产量规模惊人，人们对于软件开发的需求已经贯穿社会生活的方方面面。对于软件开发所带来的社会效益和经济发展，人们都有目共睹。随着全球化的深入发展，软件开发正从某一地区到某一国变成国与国之间软件的开发与共享，进而促进人类命运共同体理念的发展。

借助开发工具与计算机语言制作软件，按照特定顺序组织计算机数据和指令的集合，称为计算机开发技术。计算机软件通常由软件、硬件两部分组成，其中软件分为系统软件和应用软件，两种软件相互辅助、相互作用。其中，应用软件是为满足人们对某一特定需求而产生的服务型应用软件，典型的代表有微信、QQ、微博等。其目的是通过计算机应用软件满足人民日益增长的物质文化需求，丰富和娱乐人们的精神世界，方便人们之间的交流。而系统软件更多的是作为系统的中枢软件控制应用软件的运行，系统软件如 Windows 系统或 windows 旗舰版等，其本质是一种控制系统。系统软件存在的意义便是为各种应用软件系统提供搭建的平台。无论是系统软件还是应用软件，其根本目的都是服务于人，提升用户的使用体验感。

目前，计算机软件开发系统在网络游戏中应用十分广泛。在现如今的生活之中，网络游戏已经成为人们日常娱乐的重要选择，如大火的英雄联盟、穿越火线，手游里的王者荣耀、火影忍者、英雄杀等都受到大众的欢迎。传统的游戏，如魂斗罗、超级玛丽等，是较为低端的软件开发应用，玩的人数较少，而现今出现的各种网络游戏多是以计算机为重要的载体，利用网络互联网实现信息的共享与交流。新游戏的产生和游戏的升级换代都需要通过计算机软件系统进行开发和修改，计算机软件开发系统不仅提高了网络游戏的运行效率，也保持了其稳定性，简化了网络游戏的流程。

为了保证本书的学术性与严谨性，在撰写过程中，笔者参阅了大量的文献资料，引用了诸多专家学者的研究成果，因篇幅有限，不能一一列举，在此一并表示最真诚的感谢。由于时间仓促，加之笔者水平有限，在撰写过程中难免出现不足，希望各位读者不吝赐教，提出宝贵意见，以便笔者在今后的学习中加以改进。

目 录

第一章　计算机软件理论

第一节　计算机软件概述

随着时代的进步，科技的革新，我国在计算机领域已经取得了很大的成就，计算机网络技术的应用给人类社会的发展带来了巨大的革新，加速了现代化社会的构建速度。

一、计算机软件工程

当今世界是一个趋于信息化发展的时代，计算机网络技术的不断进步在很大程度上影响着人们的生活。计算机在未来的发展中将会更加趋于智能化，智能化社会的构建将会给人们带来很多新的体验。而计算机软件工程作为计算机技术中比较重要的一个环节，肩负着重大的技术革新使命。目前，计算机软件工程技术已经在我国的诸多领域中得到了应用，并发挥了巨大的作用，该技术工程的社会效益和经济效益的不断提高将会从根本上促进我国总体的经济发展水平。总的来说，我国之所以要开展计算机软件工程管理项目，其根本原因在于给计算机软件工程的发展提供一个更为坚实的保障。计算机软件工程的管理工作同社会上的其他项目管理工作具有较大的差别，计算机软件工程项目的管理工作对项目管理的相关工作人员的职业素养要求十分高，管理人员必须具备较强的计算机软件技术能力，能够在软件管理工作中完成一些难度较大的工作，进而维护计算机软件工程项目的正常运行。为了能够更好地帮助管理人员学习计算机软件相关知识，企业应当为管理人员开设相应的计算机软件应用理论课程，从而使其可以全方位地了解计算机软件的相关知识。计算机软件应用理论是计算机的一个学科分系，其主要是为了帮助人们更好地了解计算机软件的产生及用途，从而方便人们对于计算机软件的使用。在计算机软件应用理论中，计算机软件被分为了两类，其一为系统软件，其二则为应用软件。系统软件顾名思义是系统及系统相关的插件以及驱动等所组成的。例如在我们生活中所常用的 Windows7、Windows8、Windows10、Linux 系统以及 Unix 系统等均属于系统软件的范畴，此外我们在手机中所使用的塞班系统、Android 系统及 iOS 系统等也属于系统软件，甚至华为公司所研发的鸿蒙系统也是系统软件之一。在系统软件中不但包含诸多的电脑系统、手机系统，同时具有一些插件。例如，我们常听说的某某系统的汉化包、扩展包等，也属于系统软件的范畴。同时，一些电脑中以及手机中所使用的驱动程序也是系统软件之一。例如，电脑中用于显示的显卡驱动、用于发声的声卡驱动和用于连接以太网、WiFi 的网卡驱动等。而应用软件则可以理解为是系统软件除外的软件。

二、计算机软件与分层技术

计算机是人类智慧的结晶，随着技术的发展，计算机的应用日益广泛。软件开发作为计算机技术中的重要部分，其发展日新月异。以往简单的软件开发技术已不能满足社会进步的需求，所以，分层技术的出现为软件开发提供了技术支持。分层技术以其清晰的网络构架对计算机软件开发的整体结构起到了推动的作用。

（一）分层技术的概述及其特点

分层技术是计算机软件为发挥其特有功能而实现的一种技术，分层技术是为了解决软件的统一问题而应用不同的方法以及不同的过程。分层技术可将软件不同的程序分配到不同的层次之中，不同的层次组合在一起构成一个整体，但其层次功能是不一样的。在计算机其他技术的支持下，各层次之间可以做到无缝连接，这便是计算机软件中的分层技术。随着技术的不断革新，由单层结构向二层、三层、四层、五层逐层发展，充分确立了分层技术在计算机软件发展中的地位，为今后计算机软件的发展提供源源不断的技术支持。

分层技术其实是对计算机软件内部的层次彼此之间联系的一种概括性说法，分层技术之所以在计算机软件中应用得如此广泛，是因为其优势是非常显著的。首先，分层技术能够提高软件系统的性能。分层技术在软件中的应用是以计算机硬件和各层级的程序为前提的，将软件按照一定的规则进行重组、改造或者升级，从软件的基础入手，将软件进一步升级，从而提高其系统的性能。其次，可以提高软件的研发效率，提高可靠性。在计算机软件的研发过程中，会存在各种漏洞，但实际上不存在漏洞的软件是不存在的，只能通过技术手段将漏洞减少，提高软件的可靠性，更进一步提高研发效率。分层技术可以改善软件开发的这一弱势，利用各层级相互作用的技术手段，将软件系统进行改造，在较短的时间内开发出高质量的计算机软件。最后，使分层技术深入化。分层技术的各个层次之间是平等的关系，没有哪一层级更显著地存在，只是针对不同的软件开发应用不同的技术而已。对于计算机软件的开发，分层技术有其独特性，具有不可替代的作用。

（二）计算机软件开发中分层技术的应用

在计算机软件开发过程中，正确有效地使用双层技术，可以从基础上提高软件开发的效率与可靠性。所谓双层技术就是由两个服务端点组成，一个是客户端端点，另一个是服务端端点。客户端端点可以让用户使用的软件界面更加优化，可以根据界面的标准状态来完成界面的有效处理；服务端端点主要是接受客户的各种信息，让信息在软件中进行整合，然后通过传输让客户对信息进行有效使用。在软件的开发过程中，对双层技术的使用要有以下要求：一是保证软件使用的用户数量，提高服务器的运行效果。在软件的运行过程中，如果用户较多，会增加服务器的负荷量，会让软件的运行速度变慢，甚至导致系统错误的出现。若用户较少，双层技术的实际应用没有凸显出来。所以，服务器的使用频率及用户数量是服务器性能优化的基本保障。二是要保证运行的速度。服务器的运行速度减缓，就很难满足用户的需求。基于以上两点，双层技术的应用要对两个端点的开发效果进行保证，为用户服好务，这样双层技术的优越性就更能显现出来了。

计算机的软件开发中，三层技术是以双层技术为基础进一步研发而得来的。三层技术一方面在原来的基础上又提升了计算机信息访问的质量及效率，另一方面使用户在使用计算机时的交互关系得到了实现，进而提高了计算机的工作效率。三层技术具体可分为界面层次、业务处理层和数据层次，具体应用如下：首先，界面层次。主要是搜集用户对界面的需求，将用户需求进行整理分析，将整理好的数据传递给业务处理层。其次，业务处理层。业务处理层就是将界面层传递过来的数据进行处理和分析，让用户的需求真正得到满足，最后按照相应的标准来提取所需数据。最后，数据层次。主要是申请业务处理层的数据，并对其真实性进行核对，将数据分析处理完以后，传递给业务处理层进行下一步骤的处理。三层技术的应用，有效地提高了软件的使用效率，优化了计算机的运行效果，促使软件技术朝更好的方向发展。

中间层技术相对于其他各层技术而言是一种独立的系统软件，多使用在分布式的计算机当中。在实际的工作过程中，一方面可以运用中间层技术对分布式计算机上复杂的技术进行异构研究，从而有效地降低软件开发过程的难度，并且缩短软件的开发周期，保障其安全性。另一方面中间层技术可以促进软件的操作系统、数据库的进一步优化和完善，降低系统的运行故障及风险，真正实现系统资源的优势互补。

大部分的软件开发在没有特殊的情况下，四层技术就基本可以满足其需求。但随着技术的进步，五层技术已经应运而生，在四层技术的基础上，又划分出了数据层。数据层又可具体分为集成层和资源层。对五层技术使用需要以下前提条件：一是要适应计算机数据运行环境。计算机软件开发对于数据层的运用，将进一步提升软件系统的运行效率，去满足有特殊要求的计算机运行需求。二是要对使用数据层的计算机环境进行分析。目前，J2EE 计算机环境中的五层技术应用最广泛，在使用过程中，要对五层技术的使用程序进行分析，确保五层技术能够有效应用，避免程序错误等问题。目前在实际的应用中，五层技术还没有得到广泛的使用，但随着技术的不断推进，五层技术的应用领域一定会逐步提高。

随着时代的进步，人们对计算机软件的需求越来越高端。分层技术的出现，使计算机软件开发的前景更加的广阔，从而能满足不同用户的需求，为用户提供更加完善、性能更强的软件系统。总而言之，分层技术在计算机软件开发中的地位是不可撼动的，是未来计算机软件开发技术的核心。

三、多媒体技术与计算机软件

社会经济的迅速发展促进了人们生活水平的提高，同时使得信息技术水平和计算机发展稳步提高。计算机逐渐成为人类生活和工作的得力助手，极大便利了人们的学习和生活。所以，人们更加关注计算机的安全性，如何通过应用多媒体技术来保障计算机软件系统的安全性成为当前的热门话题，本文从多媒体技术角度出发探索计算机软件系统的恢复和保护技术。

以计算机为依托形成的庞大网络系统，给人们应用计算机、进行资源共享提供了极大的便利，同时有利于企业中各部门的交流。但是其中也存在一系列问题阻碍计算机软件的发展。例如在教学中存在计算机多媒体故障频发，这其中既包含硬件的损坏，也包含计算机软件系统缓慢、病毒侵害等问题。这就需要运用多媒体技术来进行计算机软件系统的恢复。

（一）计算机多媒体技术概述

计算机多媒体技术主要指以人机交互为基础，通过计算机技术实现将声音、影像等各种资料的信息转化和传输，实现信息资源共享。所以，计算机多媒体技术在社会各个领域应用广泛。

计算机多媒体技术应用于通信领域。其应用于通信领域主要表现为改善了单一的信息传递形式，通过视频和语音等实现联络。这种通信方式实现了信息传输，打破了时间和空间的限制，使得"面对面交流"成为可能。可以说，计算机多媒体技术应用于通信领域是通信技术发展的一个伟大里程碑。

计算机多媒体技术在医疗领域的应用，大大增强了现有医疗的功效，从而提高了整体医疗水平：其为医学难题的突破提供了助手，促进了医疗举措的创新。计算机多媒体技术应用于医疗领域，主要体现在医学诊断成像方面，通过对患者身体内部基本情况的细微掌握来形成一种清晰显示，从而提高了医疗效果。

计算机多媒体技术应用于教育领域主要体现在远程教育和课堂教学两方面。计算机多媒体技术应用于教育领域帮助教育打破了时间和空间的限制，使得受教育群体更加广泛。利用多媒体技术实现远程教育的主要表现形式是网络公开课的运用。计算机多媒体技术运用于课堂教学中，能更好地满足学生的身心发展需求，拓展了教学资源，提高了学生的学习兴趣和课堂教学的有效性。

计算机多媒体技术的发展前景是计算机多媒体技术智能化，主要表现为计算机多媒体通过硬件改良、软件改进等方式实现计算机及其终端装备性能的提高，从而向智能化发展。计算机多媒体技术智能化是适应现代信息环境发展的必然趋势，体现了人们对计算机软件水平提出的更高要求。

计算机多媒体技术网络化，旨在通过网络技术和通信技术的融合，实现计算机多媒体技术的网络化。现今，计算机多媒体技术已经广泛应用于教育、通信、医疗等社会生活的各个领域。在未来社会，通过计算机多媒体技术的网络化，必将实现全球范围内的信息共享，这也是未来计算机多媒体技术的发展主题。

（二）多媒体技术在计算机软件中的应用

多媒体技术对单机软件系统的保护，在教学领域，维护教学正常进行的基础在于对单机的软件系统进行保护。单机软件的保护主要运用到硬盘保护卡，也就是采用硬盘加密技术来保护硬盘不被攻击。由于硬盘保护卡所占内存小，其不会影响计算机的正常运行，所以未保护硬盘不受病毒攻击，需要硬盘保护卡具备防病毒入侵的功能。

将计算机硬盘系统进行分区，可以说是对单机软件保护的最基本工作，只有对系统硬盘进行分区，在受到病毒侵害时能保护其他盘数据不被病毒侵害。此外，在单机系统安装完成之后，可以安装相应的教学软件，以便保障多媒体母系统监控单机的软件安全。保障单机软件不受病毒侵害的关键，在于安装杀毒软件，同时注意定期进行安全检测和杀毒工作，从而实现对单机软件的初步保护。

在具体教学活动中，由于多媒体的使用人群复杂且具有流动性，硬盘系统很容易受到病毒侵害，在单机上安装还原精灵能极大降低硬盘受病毒侵害的风险，同时安装还原精灵后，通过计算机的重新启动能恢复被删除的文件和程序，避免各种故障导致的数据遗失问题。

利用多媒体技术实现软件系统的恢复，即利用多媒体技术实现对计算机软件的保护，但这些保护措施难免存在漏洞，因此在计算机软件受到病毒侵害后，需要对计算机软件系统进行恢复，从而保障教学工作的正常运行。对计算机软件系统进行恢复的前提在于对计算机的软件系统进行备份。以下是几种常见的软件系统恢复技术：克隆工具，通过克隆工具的应用能实现计算机多媒体软件的批量恢复，主要适用于计算机多媒体机房中的软件系统的恢复工作。此外，利用网络自动维护系统也可以实现对计算机软件系统的恢复，其具有自动化的优势，从而在大批量的系统恢复中更加方便和快捷。

现阶段，计算机已经成为人们学习生活中不可缺少的一部分，所以人们开始追求计算机的更高使用价值，人们开始普遍关注计算机软件系统的安全性，如何借助多媒体技术实现计算机软件系统的保护和恢复，成为计算机工作者的工作重心。相信在专业人员坚持不懈的努力下，一定可以实现计算机软件系统的保护和恢复。

第二节　计算机软件开发

一、计算机软件开发的理论研究

目前，我国的互联网行业随着时代的进步而飞速发展，而伴随这一行业蓬勃兴起的是各种计算机应用软件的开发与应用，软件的开发与应用对于办公和教学而言有着不可替代的作用。它能够通过程序化的设置，去提高人们的办公效率，节省人们的办公时间。另外，在教育行业中，由于计算机软件的开发与应用，学生能够享受到多媒体的学习环境，这无疑是一种工具的创新与进步。计算机软件的开发作为一项重要的工作，对于软件的性能具有较大的影响。新时期的软件开发出现了新的特点，本节将就计算机软件的分类、计算机软件的开发技术及其发展趋势、建议等进行讨论和研究，以改善人们的办公与现代生活，促进科技的进步与发展。

（一）计算机软件的分类简介

计算机软件 (Software) 是指计算机系统中的程序及其文档，一般而言计算机软件包括系统软件和应用软件。其中系统软件 (operational software) 的主要作用是负责管理计算机软硬件，并协调软硬件高效地开展工作，主要的系统软件包括我们常见的视窗系统软件 (也就是微软的 windows 系列软件)，此外还包括 Linux、UNIX 等系统软件，其在银行等对数据安全要求比较高的场合应用较多。而应用软件 (application software) 是指用户可以使用的各种程序设计语言，简单地说就是为了解决某类问题、完成某项工作而设计和开发的软件，像我们使用的 QQ 电脑版、微信电脑版、office 系列软件都可以称作应用软件，具体的分类又包括办公室软件、互联网软件、多媒体软件等，对于我们的日常生活和学习有着重要的影响。

（二）计算机软件的开发技术分析生于 Sun 公司（目前已经被甲骨文公司收购），是一门面向对象的计算机编程

其一，Java 语言。Java 语言诞程语言，主要有简单高效、面向对象、可移植、安全性高等突出特点，其编辑和运行需要依赖于特定的环境，如果只是运行则只需要安

装 JRE 即可，如果想要编辑 Java 源码则需要安装 JDK 编程运行环境。基于 Java 语言的开发有三大分支，即 JavaEE、JavaME、JavaSE。其二，C 语言。C 语言是一门面向过程的程序设计语言，在实际的开发中被较为广泛地应用于底层开发，经过十几年的不断的改进和完善，C 语言逐步趋于成熟，而 C 语言最大的特点是具有强大的兼容性，编程的速度比较快，并且可读性好，易于调试、修改和移植。其三，C# 语言。C# 语言是微软公司开发的一款基于 .NET Framework 和 .NET Core 等运行环境的高级语言，C# 语言同 Java 语言具有较高的相似度，像继承、接口及一些语法知识都较为相似，且均为面向过程的语言，是一门重要的开发语言。

（三）计算机软件开发技术的发展趋势

其一，计算机软件开发服务化。也就是说，从软件开发的全流程都要服务于客户的具体需要，客户有什么样的要求、客户想要怎样的效果都应该得到开发人员的积极回应，从而让开发出来的软件发挥重要的作用。其二，计算机软件开发网络化。也就是说，计算机软件的开发、应用和改进应当积极地借助互联网，让互联网平台在计算机软件开发过程中扮演更为重要的角色，使得开发出来的软件更加实用。其三，计算机软件开发智能化。也就是所开发出来的软件能像人一样进行智能化思考，并根据思考做出最为精准、简便的回答，让程序的处理更加快捷、高效、智能化，从而更好地服务于人类。其四，计算机软件开发开放化。也就是说，计算机软件的开发应当让更多的掌握技术的人参与进来，以克服技术的限制和约束，不断地集思广益，开发出更高质量、更高效能的计算机软件产品。

（四）计算机软件开发的建议

其一，目的要明确。开发软件是要做什么？所开发的软件要达到怎样的功能？每个功能怎样去实现？软件开发需要的费用有多少？等等，这些都需要在开发前进行充分的分析和研究，用我们专业的语言就是要在开发前进行充分的需求分析，只有目的和需求了解清楚了，开发出来的软件才更能满足现实的需要。即对于我们要设计的软件而言，我们必须有一个整体的规划与设计，并且对软件开发过程中的各项成本支出能够有一个预算与测估。让软件开发能够形成一个最初的规划与保险兜底。而且，目的明确也能够进一步提高效率，节省后期不必要的时间与精力或成本支出。通过这种明确的计划、目的，我们的后期软件开发就能确定一个非常明晰的方向，从而能够更加符合开发与软件设定的需求与规划，这样也节省了后期的纠错成本。其二，要遵循一定的流程。软件的开发需要工程师遵循一定的开发流程，如一般而言，我们开发相应的软件需要先进行需求分析，之后进行概要设计和详细设计，再然后是编码，最后开展测试。在每一个流程上都有具体的规定细则与计划，所以，必须积极地去遵循整体的每个阶段的流程，按照每个流程的客户需求与开发要求来进行软件开发，做到科学严谨、有条不紊，让每一个环节都有章法可依，且有目的可循，真正实现客户需求的每一阶段的严格把握。其三，要注重后期的维护。软件开发的周期相对于维护而言要短许多，后期的维护工作更加烦琐，所以在开发的初期就应当兼顾到后期的维护，如在开发中对每个模块中的代码进行注释，预备后期的查看和修改。对于很多软件开发而言，只做到了前期的开发与设计，一旦软件生成后，后期的运维就被很大程度地忽视与疏忽，而运维往往是软件开发中极其重要的一环。通过对软件与终端的运维，我们才能够维持软件的开发成果，让软件能够持续地工作与生成效益，这也是对前期开发的一种维持与保护。

综上所述，计算机软件在人们日常生活和工作中的应用，有效地便利了人们的生活，提升了工作的效能，我们要格外重视计算机软件的开发工作，全面地了解计算机软件的分类、计算机软件的开发技术及其发展趋势，并在遵守一定原则的基础上去更为高效和快捷地进行计算机软件的开发工作，从而让开发出来的软件更加符合人们的日常应用需求。

二、基于高端科技的计算机软件开发技术

随着科学技术与信息技术的飞速发展与不断完善，新的高端技术在计算机领域中的影响与作用不断加强，在这种形势下，对计算机软件开发技术的应用效能提出了更高的要求。计算机软件是计算机的重要组成部分，为了满足人们对智能化通信的多样化需求，设计出合理的计算机网络应用系统，计算机软件开发工程中将软件的关键技术与高端技术相互融合，开发出更好的软件。就计算机软件开发技术中存在的问题进行深入分析，并就软件开发的利用和未来发展趋势进行探究。

计算机系统软件和计算机应用软件都是为广大用户服务的，其中计算机软件的开发直接影响着计算机的发展与使用。在科学技术与信息技术快速发展的时代背景下，计算机软件开发技术被广泛地应用到各行各业当中，人们的生产生活已经离不开计算机的应用。在高端技术不断完善与发展的时代背景下，将软件的关键技术与高端技术结合成为相关学者研究的重要内容。计算机系统软件包括多方面内容，如维护软件、管理软件及检测软件等，为了解决用户应用的具体问题，还需要对计算机系统软件技术开发与应用进行分析。

（一）高端技术的概念以及发展问题

21世纪是以计算机为代表的信息化时代，计算机软件开发技术已经被广泛地应用到各个领域中，对人们的生活以及社会生产方式带来了巨大的变革。高端技术有别于传统的技术，是指研究人员利用新型的研究成果和技术手段研究成的科学技术，这是一种多门技术相互融合的产物。这种研究技术领先于传统技术，同时具有极大的实用

性。所有的传统技术都来自高端技术，当前计算机软件开发工作中，其高端科技指的是在新的计算机技术和软件编程方法中，计算机软件研究人员在这基础上进行全新的软件开发，这些软件开发技术会对计算机技术的整体发展提供帮助与技术支持。但是在 20 世纪 50—60 年代，由于科学技术与社会经济发展水平等多方面因素限制，计算机软件开发技术主要应用在手工软件开发，也就是说，还需要消耗大量的人力与物力，不仅开发效率低、消耗时间长，还带来了一定的安全隐患，根本无法满足用户的需求量。

现阶段，随着科学技术与社会经济的快速发展，信息的网络化、社会化以及全球经济一体化都受到计算机软件开发技术的巨大影响。同时，对计算机软件开发提出了新的概念与要求，计算机软件开发技术由程序设计过程向软件过程发展，最后再向软件工程发展，加快了各种信息传播的速度，方便了人们的日常生活，同时推动了社会的进步与发展。

但是我国计算机软件开发技术还面临着一定问题。（1）信用值计算问题。信用机制不同，计算方法就不同，需要根据信用度采取适当的计算方法，可以有效地将恶意节点遏制。（2）数据的安全问题。数据的安全性指的是数据传输的完整性和机密性，在传递过程中信息安全也受到了威胁。注重计算机软件技术应用可以保证信息在传递的过程中，降低信息的泄漏风险，保证信息不受到损失，从而保证信息的精准性与完整性。（3）版权侵害问题。版权侵害是计算机软件开发技术中最为普遍也是最严重的问题，由于每个设备的系统存在较大差异，加上计算机让软件开发技术专业人员严重缺乏，现有的工作人员积极性与创造性都不足，造成计算机软件开发技术工作效率不高。

（二）高端技术在计算机软件开发的应用研究

计算机让软件开发技术最贴近生活的就是上网搜索查询、收发邮件、信息传递，这些都是通过计算机网络平台实现的。在计算机软件开发过程中，高端科技的进入使开发工作进入新的发展时代，在这个前提下必须顺应时代发展要求，推动软件开发技术的发展工作。对于计算机软件开发技术来说，其应用的主要方式就是用户软件和网络系统，计算机让软件开发技术对人们的生活具有极大的影响，在一定程度上改变着人们的生活方式。软件和网络系统是紧密联系、不可分割的，也就是说，二者既是相互独立运行的也是共同产生作用的。

（1）处理好高端技术与信息化的关系。随着计算机软件开发技术的发展与普及，其对社会的发展做出很大的贡献，同时也实现了其自身价值。在不同软件平台下，用户信息数据处理的平台越来越多，用户工作更加简单快捷，让人们接收到更全面、更准确与更广阔的信息，也大大提升了信息的输入速度。随着信息化时代的到来，我们社会整体的科学技术水平在不断提高，在这样的时代背景下，高端技术的发展与信息化的发展具有紧密的联系。计算机软件嵌入信息处理设备和移动通信设备，用户可以更快捷地处理信息数据，不需要在技术支持之下就可以单独完成操作，让人们可以分享各自的资源，一个人的资源可以在多个人手中得到利用，加快了数据的整合与计算，最终促进信息化时代的发展。但是由于系统使用方便快捷，随着用户量的不断增加，客户端的运行速度就会受到多方面因素的影响，这就需要采用相关技术及时进行人工调整，以此保证系统的正常运行。

（2）高端技术在开发硬件中的支持。互联网的开放性与交互性丰富了信息资源，使信息资源变得越来越复杂，系统由于使用和安装过程中都会受到浏览器和版本的影响，所以计算机软件开发技术还需要进一步完善与优化。在软件开发过程中需要硬件支持，简单来说，计算机软件开发技术应用的主要目的就是给用户提供更好的服务，让用户方便快捷地使用计算机。现阶段，部分计算机硬件高端技术的出现使计算机的硬件系统得到了快速发展，而且软件开发的理论也不断出新，为计算机软件开发活动提供科学的理论指导。在新的高端技术中，一些新的程序编制软件和软件开发理论的出现为计算机软件开发工作打开了新的思路，将计算机技术与网络化技术更好地结合。

（三）高端技术在计算机软件开发中的未来发展趋势分析

随着我国科学技术的飞速发展与不断推进，我国计算机软件产业迅速崛起，软件人才队伍不断壮大，我国软件产业销售也持续升高。我国研发出来大量的具有远程访问功能的技术，但是在实际的应用中，应该选择最合理的访问技术，这需要在对实际情况进行综合考虑，这个技术具有高效的数据信息处理能力。

计算机高端技术是计算机整体技术发展的基础，在计算机的发展过程中，每次新的高端技术发展都会推动计算机技术的大步前进。计算机软件开发技术智能化、服务化、开放化与融合化方向发展，不仅可以将人的感官行为和思维逻辑过程完美地模拟，还可以进行学习或者工作的推理和判断，在实际应用当中，计算机软件开发技术主要就是应用在少量的数据信息处理中。当前的计算机软件开发技术人员在研发时需要注意计算机软件的服务属性，根据用户的实际需求，对网络技术的功能模块以及内部机构进行创新，与软件网络化协议功能相结合，同时对各种信息数据进行准确、高效的分析与整合，开发服务于用户的软件，从而真正让用户更加方便、更快捷地使用计算机。此外，计算机软件开发在一定开放化的前提下，还可以加强交流合作，软件产品应该全面实现开放，配合计算机硬件设置的条件，实现计算机的数字化与网络化。

综上所述，随着科学技术与社会经济的不断进步，计算机软件开发中将软件的关键技术与高端技术进行结合是时代发展的必然趋势。计算机软件是计算机系统重要的组成部分，加强高端技术计算机软件开发的应用与探索，能促进信息化时代的快速发展。

三、计算机软件开发中影响软件质量的因素

当前计算机技术已经被普遍应用在各行各业中，计算机软件是人与计算机硬件之间进行连接的纽带，亦是计算机技术的核心，计算机软件技术的发展推动了计算机信息时代的发展，计算机软件的发展与应用很大程度上改变了社会生产和生活方式，改变了各行各业的生产方式，其中计算机软件的质量发挥着关键作用，如果计算机软件质量出现问题，就会造成数据错误、泄露和遗失等问题，所以，在计算机软件开发中，必须对各种可能影响软件质量的因素予以重视，并采取相应措施，保证计算机软件质量。

（一）计算机软件开发中影响软件质量的因素

用户需求的影响。计算机软件开发的目标是提供满足用户使用需求的计算机软件，并在社会中得到大范围推广，是否符合用户需求是衡量计算机软件质量的核心标准。因此，计算机软件开发及后续升级工作必须以满足用户需求为前提。在计算机软件开发前，如果没有去做前期市场调研工作，没有与用户进行近距离交流，没有去了解用户需求，就无法对用户需求做到深入了解。如果在缺乏用户需求引导的情况下进行计算机软件开发，那么开发出的计算软件无法达到理想效果，软件开发工作就是失败的。因此，计算机软件开发只有在与用户需求步调一致的前提下进行，才能开发出高质量的计算机软件。

软件开发人员的影响。计算机软件开发人员的职业素质和专业素质，也是对软件开发质量造成影响的一个关键因素，如果脱离了软件开发人员，软件开发就是纸上谈兵。在实际软件开发工作中，如果软件开发人员的专业素质不够，或者软件开发人员的工作态度不积极、不认真，软件开发质量就难以保证。此外，由于受到个人发展平台、薪资待遇及个人因素等各种原因的影响，导致计算机软件开发行业的人员流动性很强，软件开发人员离职的现象非常普遍。如果一个技术人员离职，新任人员接管原来人员的工作，需要一段时间进行适应，既加大了企业成本，也影响了软件开发的质量。

辅助工具应用的影响。计算机软件开发中牵扯到很多辅助开发工具的使用，例如，CASE 工具、检测工具和管理配置工具，软件开发人员必须对这些辅助工具进行合理选择和利用，才能保障软件开发的效率与质量，软件后期的稳定性与可维护性也能得到保障。在软件开发过程中，如果将软件开发工作全部交给开发人员去做，忽视对辅助工具的合理有效应用，最后开发出来的软件的质量是难以保证的，在使用过程中必然会造成各种问题。

（二）提高计算机软件开发质量的建议

深分析用户真实需求。计算机软件开发应在用户真实需求引导下进行，掌握用户

真实需求是计算机软件开发的前提，在软件开发前，必须对用户真实需求进行深入调查和分析。首先，在软件开发前，企业应安排相关部门或人员进行一定的市场调研，与用户进行近距离交流，可以利用多种手段开展用户需求问卷和调查，调查时间应充分有效，以此来收集和分析用户的真实需求；其次，建立项目管理制度，加强软件开发过程中与用户之间的及时沟通，软件开发需要一定的周期，在此期间用户的需求可能会发生变化，当软件开发与用户需求之间出现偏离时，开发人员可以及时获得信息并进行相应调整。

重视开发人员管理和培养。软件开发人员是软件开发工作的主导者，所以，必须重视对软件开发人员的管理和培养。其一，企业应重视对开发人员职业素质的培养，重视对软件开发人员进行工作热情、工作态度和责任心的培养，让软件开发人员端正工作态度，积极投入计算机软件开发中；其二，重视开发人员能力培训，及时获取行业前沿知识，定期对开发人员组织继续教育，组织开发人员学习行业内先进的知识和经验，提升开发人员的专业素质水平，并调动开发人员的创新思维；其三，企业应健全人事管理制度和奖罚制度，提高开发人员薪资待遇水平和人员晋升制度，对工作绩效良好的人员给予肯定和奖励，调动开发人员工作的积极性；其四，软件开发工作涉及商业保密，企业应重视对开发人员的法律观念、道德水平和职业操守的培养，提高对企业的忠诚度。

（三）严格软件代码的检查

代码是构成软件的主体，很多软件质量问题和代码密切相关，为了保证软件质量，必须严格做好代码检查工作。在软件开发过程中，代码操作比较复杂。当代码出现错误时，很难发现，而且代码检查必须在尽量短的时间内完成，必须严格对代码进行层层检查，详尽检查代码有无错误出现。当发现错误时，及时进行修改，并做好相应记录。必须在上一步骤检查和校对无误后才能进行下一步操作，只有对代码严格逐次进行检查，软件开发的质量才有保障。

我国计算机软件行业目前尚处在快速发展阶段，必须对计算机软件开发质量引起重视，在软件开发中，企业必须对影响软件开发质量的各种因素进行深入分析，了解用户需求，做到软件开发以用户需求为引导，加强软件开发人员管理和综合素质的培养，严格进行质量控制，严格进行代码检查，为社会提供高质量的计算机软件，也为企业创造更大的经济效益。

第三节　计算机软件数据接口与插件技术

一、计算机软件数据接口

社会在不断发展与进步，自从计算机技术出现后，人们的工作与生活都出现了极大的变化。计算机内部不同功能软件，能够极大提升工作与生活便捷性，也会对社会进一步发展做出重要贡献。但是，不同计算机软件，其设计人员、企业存在差异。这也意味着，计算机数据接口的出现与应用是科技发展的必然趋势。只有合理管控不同软件接口，维护软件稳定运行，才能进一步推动计算机技术发展，推动社会进步。

数据接口主要指为计算机内部不同应用软件提供规范化、标准化数据连接，确保计算机软件能够正常运行，确保计算机内部数据正常传输。但是在实际数据接口应用之中，受到不同因素影响，导致软件运行受阻，软件接口需要具备一定灵活性，才能更好地进行应用。只有确保计算机数据接口能够得到合理应用，才能不断提升信息传递与处理能力，进而促进计算机软件功能完善，更好地为大众工作与生活服务。

（一）计算机软件数据接口作用

计算机软件数据接口，可以在运行工作中，根据不同用户实际使用需求，作为不同软件之间的桥梁，将这些软件更好地与计算机结合。计算机软件数据接口，在某种程度上来讲属于一种载体，能够进行交流工作。计算机技术出现后，就得到较为广泛的应用，并随着科技发展不断进步。计算机技术内部较为复杂，在计算机运行工作中，需要应用不同软件与硬件进行工作。计算机内部系统与程序，也可以说是计算机重要构成部分。不同软件与程序，为计算机运行奠定良好基础。但不同软件与程序之间，要想构建连接，需要借助计算机接口，只有在计算机接口辅助下，才能提升软件灵活性，使计算机设备完成更为复杂的任务。同时，不同软件，在实际应用过程中，需要进行更新与升级，更新与升级势必会导致不同软件存在冲突。所以，需要借助计算机软件数据接口，对计算机软件数据接口进行合理应用，才能从整体上提升计算机实际应用能力，拓展更多软件功能，更好地为工作与生活服务，提供便捷网络环境。

（二）计算机软件数据接口设计应遵循的原则

标准化设计原则。计算机软件数据接口设计工作人员，在实际的设计工作中，一定要遵循标准化原则，以标准化原则为软件设计工作基础。在标准化原则要求下，软件接口设计工作者，才能根据标准化要求，对设计工作加以规范，最大限度降低计算机软件数据传输过程中由于标准不同而导致数据传输工作出现障碍。同时，遵循标准化设计原则，可以有效减少软件升级与更新带来的问题，对计算机软件稳定运行与管理工作，具有极为重要意义。

可拓展设计原则。在计算机软件接口设计工作中，软件接口设计要具有兼容性，也就是说计算机数据接口，其功能要具有拓展性，可以适用于不同软件，将不同软件更好地连接到一起。只有这样在计算机软件应用过程中，数据接口效果才更为显著。所以，在实际的工作中，为了满足不同客户需求，就需要对计算机接口进行科学且合理设计。同时，要在接口设计工作中，不断拓展接口功能，才能最大限度避免软件的更新与升级带来的冲突问题，最终达到拓展接口应用目的。

一致性原则。在软件的开发与设计工作中，其最主要目的，就是为大众工作与生活提供便利。所以，在软件数据接口设计工作之中，不仅要遵循客户实际需求，更要遵循使用者多元化需求。只有软件数据接口具有一致性，才能不断提升计算机软件应用能力，提升其安全性与规范性，进而以更严格标准，对软件接口进行设计，为计算机运行构建良好环境。

（三）软件数据接口实际应用存在的不足之处

软件数据接口方式存在不合理现象。在软件数据接口设计工作中，部分软件数据接口设计存在不合理现象，此种现象，不仅会对软件实际运行工作造成阻碍，更会降低软件整体安全性，使软件应用受到严重影响。例如，在软件正常进行数据查找工作时，如果软件接口设计工作存在不合理现象，会导致其防御能力降低，导致浏览网页使用者信息泄露，引发网络安全问题，更会给软件使用者造成困扰。

软件数据接口设计规范性较低。虽然现代科技不断发展，计算机技术不断提升。但是，在实际的软件数据接口设计工作中，接口设计存在不规范问题。所以，在接口设计工作中，只有严格遵循设计要求，对软件数据接口进行规范设计，才能起到理想效果。但是，就目前实际发展情况来看，部分计算机软件数据接口设计工作人员，在具体软件数据接口设计工作中，并不能根据相关设计要求，规范软件数据接口设计工作，导致软件设计水准与实际应用效果难以得到保障。

（四）合理优化软件数据接口设计方式，强化实际应用能力

借助转换文件应用模式。软件接口数据设计工作不合理，所以在实际软件接口的设计工作中，可以应用文件转换模式。在应用转换文件模式中，要明确不同软件运营商、用户与设计之间存在的关系，并以此为基础，按照使用者实际需求，对数据接口进行设计。必要时，可以在实际的设计与应用工作中，以规范、科学、合理的方式进行接口应用。同时，在实际软件运行过程中，要将相关文件形式记录下来，实现 doe、txt、pdf 不同文件之间的转换工作，在具体设计工作中，实现转换功能。此外，要在文件转换过程中，对特定格式信息加以收集，进而不断优化数据软件接口设计工作，使软

件接口功能更加完善，更好地维护计算机软件。

借助中间数据库应用模式。计算机数据库，不仅是一种新兴技术，更是全新技术。计算机数据库，对接口设计工作具有一定要求。所以，多数的计算机数据库，可以在经过授权后，根据软件使用者实际需求，开放数据访问权限，进而更好地访问数据内部信息。同时，在实际应用中，计算机使用者，可以在计算机操作工作中，对不同数据加以隐藏，或是借助数据库，对数据信息进行上传与分享。而在数据上传与分享过程中，中间数据库模式，可以确保各项数据得到合理应用。所以，在中间数据库实际应用中，相关使用者以及访问人员，需要在规范操作下，对计算机中间数据库进行应用。中间数据库应用模式，可以提升计算机灵活应用程度，对应用模式进行分析，对计算机进行全面分析，确保计算机能够稳定运行。

借助计算机函数应用模式。在计算机软件接口应用中，其中的函数模式应用相对常见。所以，计算机软件开发商与相关设计工作人员，在实际的管理与设计工作中，更加关注函数准则制定。而软件开发人员与软件使用者，需要提前对数据进行操作。在软件应用中，当计算机内部函数被更改时，只需要借助相关函数，就能够在计算机内部，实现函数交互工作，进而提升计算机软件数据接口应用能力，更好地维护计算机稳定运行。

虽然计算机技术在我国出现与普及应用相对较晚，但是国内经济与科技迅速进步，对当前形势加以分析，国内对计算机需求量依然处于上涨阶段。对目前计算机应用工作加以分析，国内计算机软件，无论是技术还是兼容性，还较为落后。计算机软件接口数据的应用与发展，还需要获得更多关注与支持。当今社会，计算机软件逐渐应用在各行各业，不仅推动计算机普及应用，更对行业发展带来重要影响。所以，要解决计算机软件数据接口存在的问题，才能更好地提升其应用能力。计算机软件接口应用，不仅能强化数据之间的沟通，更能推动计算机行业整体发展，推动计算机应用技术的进步。

二、计算机软件插件技术

插件技术如今被广泛运用于计算机软件开发中，因此对计算机插件技术进行研究，促使其在计算机软件开发中发挥更大的作用非常必要。

随着社会经济的发展，如今计算机技术被广泛应用于社会生产和发展的各个领域，而计算机软件是计算机使用过程中必不可少的组成部分，所以计算机软件相关技术也一直是业界关注的重点。插件技术是计算机软件开发过程中的重要辅助技术，插件技术能够帮助降低计算机软件原型研发的难度和周期，降低软件开发成本。不仅如此，插件技术还能够辅助软件提升其安全性、稳定性，拓展软件的应用功能。正是基于插件技术所带来的种种好处，近年来，插件技术被广泛应用于各类软件的开发中。

（一）插件技术的概念及原理

插件技术的概念。插件是指在规定下编写的程序，因为此程序应用时通常在一些接口规范可调用插件，所以称之为插件技术。通过使用插件技术，能够让软件具备其原本并不具备的功能，使得软件的功能更加多样，能够应用于更加广泛的场合。但需要注意的是插件并不能够单独运行和使用，而必须依附于特定的软件。

插件技术的原理。插件技术所使用的原理主要有两个，动态链接库是其中的一个，动态链接库是软件模块中的一种，其本身无法独立运行，但与相应的软件配合能够实现函数或者数据输出，而在动态链接库的调用过程中，主要通过静态调用和动态调用两种方式进行，静态调用由于灵活性较差但使用方便，往往应用于有一般要求的软件程序中，而动态调用则能够充分使用内存，但因为其应用比较复杂，因此一般应用于要求比较高的软件中；除了动态链接库之外，接口也是插件技术的一大应用原理，由于插件必须依附于宿主软件才能发挥其作用，因此必须在宿主软件和插件之间，通过一定的通信规则建立连接，而这个规则就是接口。接口的作用是帮助宿主软件和插件之间建立联系，接口本身并不涉及宿主软件具体调用插件。

（二）插件技术的类型

近年来，插件技术以其独特的优势，在软件开发过程中很受重视，因此插件技术的类型也更加多样。插件技术的类型主要分为了以下五类：

类似命令的插件。这类型的插件比较简单，对于专业知识要求以及运行环境的要求也较低，然而其本身的自由度也比较低，且主要以文本的形式运行，这类型的插件对于宿主软件的功能拓展也具有比较大的局限性。

已有程序环境插件。在使用已有程序环境插件的过程中，相对于类型命令的插件而言，需要宿主软件设立更多的接口来完成，且这些窗口能够自定义，使得多种插件能够在宿主软件中运行，进而提升插件设计的自由度，使得编程人员能够发挥其创意，使得软件具备更多的功能，提升软件的实用性。宿主软件建立的过程中需要设计更多的接口，且各个接口能够协调运行，这对于宿主软件编程人员而言具有一定的挑战，已有程序环境插件相对类型命令的插件有更高的专业性要求。

聚合式插件。聚合式插件能够实现各个插件之间以及插件与宿主软件之间建立联系，因此其灵活度较高，程序编写人员能够根据其自身的经验和创意进行编程，增加宿主软件的功能。但由于聚合式插件对于宿主软件接口协调性比较高，因此在进行聚合式插件编程时，需要经验较为丰富的专业人士来完成。

批处理插件。批处理插件由于通过输入简单的指令就能实现插件功能的应用，因此被广泛使用，但由于其自身灵活性比较低，因此批处理插件大多被应用于简单的宿主软件的使用过程中。

脚本式插件。这类插件是通过使用宿主软件环境语言或者插件通用的语言进行编写脚本完成的，这类型语言开发的难度比较大，但能够独立完成任务，由 XML 语言编写的难度低，且便于修改和操作，因此 XML 语言在脚本式插件的编写中最为常见。

（三）插件技术的实践应用

优化计算机软件的功能。通过上诉多种类型插件的使用或者组合使用，能够使得宿主软件具备更加多样的功能，不仅如此，通过多个接口对接不同的插件功能，用户在进行特定的操作时，通过使用不同的插件进行，不仅提升了计算机运行的效率，还为用户提供良好的使用体验。

插件与宿主软件结构设计。插件在宿主软件中运行离不开对宿主软件加载程序功能、计算机动态链接库对插件功能的处理以及接口对接宿主软件和插件，这三个部分的协调运行是插件功能正常运行的基础，所以在插件技术的运行过程中要重视这三部分的合理设计，确保插件乃至整个宿主软件能够稳定、安全运行。

插件技术的接口设计。接口是插件技术中至关重要的组成部分，接口需要结合宿主软件和插件之间的信息实现两者的连接，为确保宿主软件能够连接多样化的插件，具备更加丰富的功能，设计者在设计接口时也需要让接口具备覆盖所有类型插件的信息数据处理功能。

随着社会经济的发展，人们对于计算机软件的功能提出了更多的要求，而插件技术不仅能够实现计算机软件多样化功能，还能够缩短计算机软件开发和升级的周期，给用户带来更好的体验。插件技术也凭借这些优势成为计算机软件开发中的重要技术之一，因此计算机软件从业者应该关注插件技术的应用和发展，进一步提升我国插件技术开发和应用水平。

第四节 计算机软件的维护与专利保护

一、计算机软件的维护

随着我国互联网时代的不断推进，我国的计算机科学技术也在不断地发展以及创新。在我国计算机技术不断发展的过程中，计算机软件在其中占据着非常大的分量。作为计算机系统中的重要组成部分，计算机软件系统在运行的过程中能够有效地实现计算机的各种功能以及应用，但是在计算机运行的过程中，非常容易出现问题以及漏洞，这样就需要我们在计算机日常运行的过程中进行必要的维护，只有将计算机软件不断进行日常维护，才能够有效地提升计算机的应用效果，扩大计算机的应用范围。

以下主要针对计算机软件的维护措施进行详细的阐述以及分析，希望能够有效地提升计算机软件的应用效果，达到计算机软件的应用设想，同时为我国计算机技术的不断发展贡献一份力量。

在计算机运行的过程中，计算机相关的软件显得尤为重要。根据计算机运行过程中的时间比例来进行分析，计算机软件的维护时间以及计算机软件维护整体的工作量大约能够占到计算机软件整体寿命的70%甚至以上。因此，我们在计算机软件应用的过程中，要对计算机软件的维护工作给予足够的重视。在计算机软件维护工作进行的过程中，我们主要指的是在计算机软件投入应用之后进行的针对计算机软件的4类维护工作，首先是计算机软件的改正维护工作，其次是计算机软件的适应维护，再次是计算机软件的完善维护，最后是计算机软件的预防维护。在进行上述4种计算机软件维护工作的过程中，软件的维护同软件的研发以及软件的生产同等重要，非常复杂，因此在计算机软件的维护工作进行的过程中要格外重视，要根据软件的问题来进行针对性的维护，这样才能够有效地达到计算机软件的维护效果。在计算机维护的过程中，我们还有很多的工作需要处理以及尝试，因此计算机软件的维护工作还是一项任重而道远的工作，需要我们在日后的工作中给予重视。

（一）计算机软件维护工作的主要分类

根据上文的阐述，我们可以得知，在计算机软件维护的过程中主要可以分为4种软件维护方式，下面进行详细的阐述以及分析。

计算机软件的改正性工作维护。在计算机软件维护工作进行的过程中，改正性的软件工作维护主要指的是在计算机软件应用过程中出现错误的情况下进行的软件维护。我们能够根据软件应用的相关统计得出，在计算机软件出厂并且使用的时候，计算机软件中的编码错误等问题还会时常出现，能够占到计算机整体软件的3‰左右。这一问题虽然占比较小，但是在计算机软件中的编码数据非常大，这样就会无形中增加了计算机软件的编码负担，给计算机软件的应用带来了非常大的干扰。因此，我们在计算机软件维护的过程中，要根据这一问题进行修改以及维护，改正性错误在实际的工作中主要可以分为5种，第一是软件的计算错误，第二是软件的逻辑错误，第三是软件的编码错误，第四是软件的文档错误，第五是的软件的数据错误。上述的5种计算机软件错误在实际的应用过程中出现频率较高，因此在实际的计算机维护工作进行的过程中要对这一类计算机软件问题给予应有的重视，并且及时地进行处理以及维护。

计算机软件的适应性工作维护。在计算机软件维护工作进行的过程中，适应性的软件维护工作主要指的是计算机软件在应用过程中对于外部环境的适应能力的一种针对性维护工作。在计算机软件应用的过程中，计算机软件的外部环境出现变化，主要包含了4种外部环境变化，首先是计算机的相关硬件进行的升级变化，其次是计算机的相关操作系统出现的升级变化，再次是计算机相关数据升级发生的变化，最后是计算机软件研发过程中的相关标准以及相关的规章出现的变化。伴随着上述的4种变化的发生，我们要针对性地对计算机软件的适应性能进行工作维护，保障计算机软件在应用的过程中能够有效地适应由于计算机外部环境出现的变化而带来的运行变化。

计算机软件的完善性工作维护。在计算机软件维护工作进行的过程中，完善性的工作维护主要指的是在计算机软件应用的过程中对于软件延长性能的一种完善以及升级，通过这一方式能够有效地提升计算机软件的应用性能以及使用寿命。需要注意的一点是在计算机软件完善性工作维护的过程中，我们进行的升级以及完善性能在软件自身携带的说明书中并没有给予充分的体现或者是没有体现。这种计算机软件完善性工作维护主要是在软件应用一段时间之后，根据用户的实际需求进行的功能性完善。这一类维护工作在进行的过程中，虽然没有原软件的说明书进行指导，但是在实际的工作中还是要遵循软件维护的相关准则以及相关标准。

计算机软件的预防性工作维护。在计算机软件维护工作进行的过程中，预防性的工作维护主要指的是针对还在正常应用的软件的一种性能提升，使可靠性提升的一种维护工作。这种维护工作主要采用的是软件工程的实际方法来进行软件工作维护。在维护工作进行的过程中，我们可以对软件中的部分功能或者是全部功能进行重新设计或者是升级改造。通过程序的编写以及性能的再测试进行应用软件的性能提升以及充实。这样做的主要目的就是计算机软件的后期维护工作的正常开展。这一种维护方法在我国早期的计算机软件应用的过程中非常的常见。

（二）计算机软件维护工作进行的过程中应用的主要措施

在计算机软件维护工作进行的过程中的主要基本维护要求。在计算机软件进行维护升级的过程中，我们有很多的具体维护要求，大致总结可以归为3种要求，首先是在计算机软件维护升级工作进行的过程中，要求对运行中的软件操作系统进行质量上的定期检查，保障计算机软件在应用的过程中，维持在一个应用水准上；其次是在软件维护升级的过程中要保障维护升级过程中的计算机软件相关数据完全正确，这样能够保障维护升级之后的计算机软件不脱离原有的数据模型；最后是在计算机软件研发以及升级的过程中，必须由专业的工作人员进行专业的操作，这样才能够有效地保障计算机软件维护升级过程中的完整性以及可靠性。

在计算机软件维护工作进行的过程中执行的具体维护措施。计算机软件的维护过程几乎与开发过程一样复杂，因而软件维护活动通常也可定义成软件生存周期中前几个阶段的重复。其一般步骤为：确定修改类型；确定修改的需要；提出修改请求；需求分析；认可或否决修改请求；安排任务进度；设计；设计评审；编码修改和排错；评审编码修改；测试；更新文档；标准审计；用户验收；安装后评审修改对系统的影响。实施软件维护活动中，还应注意以下事项：建立一个专门的维护组织，以提高对维护的控制并提高效率，调动维护人员的积极性，避免自信心不足；制订系统维护计划，其中包括替换废弃的模块和新版本计划。

二、计算机软件的专利保护

20 世纪 60 年代，"软件（software）"一词由国外传入我国，目前，在广义上对软件的解释为"计算机系统中的程序及其文档"。程序是指计算任务的处理对象和处理规则，是一系列按照特定顺序组织的电脑数据和指令的集合。对于计算机软件狭义的理解即为可以在计算机及智能移动设备上运行，并且可以实现某些功能的应用程序。

（一）计算机软件专利保护立法现状

对于计算机软件的法律保护问题，最早在 20 世纪 60 年代由德国的学者提出，此后西方发达国家也纷纷就此问题提出了自己不同的看法及解决方案。相对于西方发达国家，我国由于计算机行业起步较晚，整体水平相对落后，直到 20 世纪 90 年代才针对国内计算机行业发展的情况，制定并颁布了《计算机软件保护条例》，将计算机软件纳入了《专利法》的保护范围，填补了之前该领域的空白。

由于计算机软件本质上是数据代码的集合，早期我国的《专利法》并不能够很好地对计算机软件起到保护作用。为了打破这个困境，我国汲取了美国和日本计算机软件保护制度精华部分，并结合我国国情，在 2008 年对我国《专利法》进行再次修改。这次的修改放宽了专利保护的范围，让更多的计算机软件受到《专利法》的保护。这次的修订不仅仅是计算机软件在法律保护上的一次突破，也使得我们《专利法》的保护手段更好地与国际接轨。

（二）计算机软件专利保护的必要性

近年来，我国在软件行业取得了喜人的成就，计算机软件行业在规模上越做越大，已经逐渐成为我国经济发展的中流砥柱。但是计算机软件行业的版权意识并没有能和其发展规模齐头并进，仍然处于落后的状态。从商业软件联盟 BSA 发布的《2011 年全球 PC 套装软件盗版研究》的数据中可以看出，中国 PC 软件盗版率虽然下降了 15 个百分点，降至 77%，但正版软件使用率仍然非常低。尽管《专利法》对计算机软件的版权问题做了相关规定，也起到了一定的保护作用，但是法律拥有滞后性，《专利法》并不能预测未来的计算机软件行业发展，并根据预测结果提前做出相应修订。于是可以看到在司法实务中，计算机软件并不能得到期望的保护，究其原因就是现行法律的更新并不能很好地跟上计算机软件发展进程。而且非垄断性的版权保护和软件高速的传播速度加剧了市面上十分猖獗的软件盗版行为，不良商家不顾法律法规的规定，肆意对正版软件进行侵权，使良好运行的软件市场变得混乱。

相比于盗版的计算机软件，正版软件无疑有以下两点优势：第一，正版软件在发售前都会经历严格的检测过程，终端用户在使用的过程中不会出现系统不兼容甚至死机的情况，而盗版软件则无法做到较强的稳定性和兼容性；第二，正版软件几乎没有携带恶意木马病毒等流氓软件程序的可能，也就不存在个人信息泄露的隐患。所以，保护正版软件对于计算机软件行业甚至于整个互联网环境都是百利而无一害的。根据法益保护原则，理应对现有的知识产权法律体系进行改进，来为计算机软件版权提供更有力的保护。

（三）计算机软件专利保护存在的问题

申请条件过于严苛。如果对软件采取专利权保护，其良好的独占性和排他性不仅能够保护计算机软件的软件算法和编写代码，也可以保护软件的"思想"。但是《专利审查指南》（后文简称《指南》）的第二部分明确规定，计算机程序本身不授予专利权的申请，软件不与硬件或者是工程结合使用也不受专利保护。从《指南》的规定中可以得知，我国对计算机软件的专利保护增添了诸多限制，这大大减少了软件受保护的范围。而且指南第二部分实质审查所说的"新颖性""创造性"和"实用性"对于计算机软件来说也是相当严苛的要求，新颖性要求申请专利保护的软件必须不属于现有技术；创造性则是指与现有技术相比，申请的软件要有突出的实质性特点和显著进步；实用性作为计算机软件最符合的特性，也不能仅限于理论上，而一定是能够进行实际应用的。然而现在的软件行业开源性和反向工程的流行，很难有软件能完美地满足上述的"三性"。

审查周期过长且审查方式不合理。《指南》中规定，一款专利从提交申请到最终申请成功，需要经过初步审查和实质审查两个步骤共计3年左右。作为高新技术产业，计算机软件行业拥有较短的市场生命周期，而且对登录市场的时间有着很高的要求。有些软件可能从进入市场到最终消失都无法花费3年时间。过长的审查周期使得软件在市场流通时无法受到专利保护，这大大提高了软件被抄袭和剽窃的风险。

一款软件如果被盗版，会对正版软件的市场造成很大的冲击，使得正版软件损失大批量的用户，进而会导致收入的大幅下降，而且不受专利法保护的软件如果遭遇了盗版行为，其行为在司法实务中难以受到刑法和侵权责任法的规制，导致盗版软件所产生的收益和对正版软件造成的损害赔偿等费用没有办法回归到软件公司手中。众所周知，专利的研发需要大量的人力、物力和财力，上述两种情况会导致软件公司损失大量的资金收入，使公司的资本难以维持软件的版本优化和研发创新，更严重的会使公司面临破产倒闭的风险。

目前我国还是施行公开制的专利审查，早些时期，公开制确实能提供更好的审查效果，但是对于计算机软件来说，公开审查确实有许多的负面影响。在计算机软件没有受到保护的情况下，过早的公开会增加软件受到盗版行为侵害的风险，此种情况会影响软件专利的"三性"。而且丧失了作为"商业秘密"的条件，不利于软件的保护和软件开发公司的发展。

（四）计算机软件专利保护建议

放宽软件类专利申请条件。现行《指南》关于专利申请的规定对于计算机软件来说过于苛刻，目前我国的专利保护仍然不能保护软件本身，"与承载的硬件相结合"这一条款会将很多的优秀计算机软件排除在保护的范围外，不利于我国软件行业的发展。而且我国许多计算机软件的开发都是基于国外先进技术的基础，如果我国对于计算机软件本身不能进行保护，那么有些国家出于对本国软件技术的专利权保护的目的，可能会暂缓甚至放弃其高新技术进入我国，久而久之也会对我国计算机软件行业甚至互联网大环境产生不良影响。所以，《指南》需要对于计算机软件专利申请方面做出针对性调整。举例说明，进行专利申请时可以适当降低对于计算机软件"三性"的要求。不同于其他专利的申请，计算机软件技术的开发本身就能体现出《指南》要求的创造性，其次在人们对"人性化"需求日益增加的今天，所谓的"用户体验"不但成为一项评判软件是否优秀的重要标准，也可以证明软件存在一定的新颖性。且这种思想类的创新确实是可以通过代码的方式体现，所以不应该因为两个软件在实际应用上可以取得相似的结果，就认定"三性"不足而不通过专利申请，要对其进行仔细分析进而得出结论。

改进软件专利审查过程。首先要缩短软件类专利的审查周期。随着软件市场的"百花齐放"，计算机软件之间的竞争越发激烈，随之也出现许多生命周期很短的软件，其中不乏优秀的、但最终因盗版侵权行为而销声匿迹的产品，例如腾讯公司的某些软件的生命周期也就短短几年。结合目前的实际情况来看，3年左右的审查周期无法与计算机软件的特性相契合，很有必要对软件专利的周期进行更改。在技术日新月异的今天，两年左右可能就会出现技术的更新换代，所以审查周期应该根据申请软件的具体情况定为3到6个月比较合理，既满足了审查流程又能很好地适应计算机软件自身的特点。

其次对于计算机软件来说，我国应该借鉴发达国家的审查模式，对计算机软件审查使用"授权公开"。对于申请公开的公司企业进行资质审查，确定没有侵权风险再进行授权。而且即使申请专利保护失败，也不会泄露公司的"商业机密"，对于以后的软件开发更有好处。

我国目前针对计算机软件的专利保护确实还存在一些不足，立法机关应针对所出现的问题，并结合我国实际国情进行立法修改与完善，进而为我国计算机软件大环境提供有力保护。

第二章　计算机软件的发展

第一节　计算机软件设计的原则

信息化时代的快速发展，使计算机在社会生活中发挥着十分重要的作用，推动了社会的发展。而计算机也得到了普及，计算机软件的开发设计是计算机快速发展的重要原因，其推动了计算机的发展。而支撑计算软件设计的原则也是值得研究和探索的，以下主要论述计算机软件设计的重要性以及设计原则，在进行设计中应注意的事项及设计方法，使其推动计算机更好地发展，为社会生活带来便捷。

计算机软件主要包括系统软件和应用软件，系统软件主要指支撑计算机运行的各种系统，而应用软件是指解决用户具体问题的软件。因此，软件的开发对计算机非常重要，用户在使用计算机的时候其实是在使用计算机软件。计算机软件的开发水平决定着计算机的发展水平和发展速度。计算机软件设计是计算机的核心，用户主要是通过对计算机软件的操作来达到使用电脑目的。计算机软件设计可以为用户提供一个良好的使用平台，使用户在使用计算机的时候更加简单和快捷，计算机软件设计是否合理、安全，对用户具有非常重要的影响。因此，在对计算机软件进行开发时要严格按照规定的要求进行开发。传统的计算机软件设计开发主要是手工操作，这种软件设计方式存在一定的局限性，例如操作失误率高、软件的可扩展性较低，不能满足当前用户对计算机软件的需求，因此在计算机软件设计上，设计人员要严格把控软件的开发过程，对软件设计进行综合分析、开发、调试及运行，从而开发出高质量、安全性高的计算机软件。

一、计算机软件设计的重要性

计算机软件设计是计算机系统中的灵魂，是计算机执行某项任务时所需的文档、程序和数据的集合。计算机软件设计是计算机软件工程较为关键的组成部分之一，关乎着计算机发展走向，计算机本身最为重要的是技术支撑，计算机的运行是通过计算机软件运作方式与功能来实现的。计算机软件设计是推动计算机软件工程人性化、智能化与网络化发展的主要技术，使一些网络支持、远程控制成为可能，使计算机网络技术不断创新，对计算机网络发展有着极大的助推作用。在信息化时代的今天，人们的工作、学习和生活离不开计算机软件的使用，而计算机软件设计使得其性能得到更好的完善，网络技术得以创新。在软件开发技术的推动下，远程控制、电商平台、网络共享等网络技术变得更加成熟，而随着计算机软件设计技术的不断提升，软件的高效性、安全性、可靠性有了较大的提高，使得计算机软件的使用价值不断提升，因此计算机软件设计在我国经济发展时代具有重要的作用，推动着计算机科学技术的向前发展。

二、计算机软件设计的原则

（一）先进性原则

计算机软件在设计上要确保先进性，要时刻关注社会的发展趋势和人们的需求，采用先进的科学技术和思想意识，对传统的设计方式要选择性利用，并结合先进的研发技术促使研究人员对计算机软件的设计活动顺利展开。要充分利用先进技术满足人们对计算机的需求。

（二）安全性原则

安全性是计算机软件在设计上非常重要的一个原则，只有确保计算机软件在设计上足够安全可靠，才可以更好地被用户使用和认可。计算机属于用途非常广泛的网络产品，如果软件在设计上存在安全问题，可能会导致数据和信息的损坏和丢失，对用户在使用计算机时造成一定的影响，因此安全性原则必须引起足够的重视。

（三）可扩充性原则

计算机在社会生活中被普遍推广和使用，储存的信息也越来越多，计算机软件在设计上要保证留有升级接口和升级空间。

（四）可理解性原则

软件设计要简单明了，易于理解和学习，使用户在使用时能够理解它的设计用途，不仅是对文档清晰可读的理解，还要求软件本身具有简单易懂的设计构造，因此这就要求设计者充分考虑使用对象的特点，利用其掌握的技术知识进行相关研发。

（五）可靠性原则

计算机软件系统规模越做越复杂，其可靠性也很难保证，软件系统的可靠性也直接关系到计算机本身的性能。软件可靠性是指软件在测试运行过程中避免可能发生故障，一旦发生故障，具有解脱和排除故障的能力。计算机软件的可靠性为计算机的发展提供了有力保障，因此设计者在设计上要充分重视可靠性原则对计算机软件的设计的重要性。

社会的发展促使计算机软件设计不断更新，计算机对社会生活的影响越来越大。计算机软件在设计上要充分考虑其特征和运用的范围。计算机软件设计的原则对计算机的发展也起着关键的作用，设计者在设计软件时要简单明了，使用户能够轻易使用计算机为其生活和工作带来便利。计算机软件的安全性是保证计算机正常运行的重要因素，只有计算机软件的安全性得到保证，用户才会更加认可计算机带来的积极影响。同时要注意计算机的先进性，计算机本身有很高的技术性，其发展速度和更新换代也非常快，要时刻关注社会生活和人民的需求，及时进行软件设计的开发，跟上时代的步伐，计算机软件的设计对计算机起着至关重要的作用，因此要重视软件的设计开发，更好地为社会和用户服务。

第二节　计算机软件的知识产权保护

加快科技创新，实施创新驱动发展战略，响应时代大趋势号召，加速我国经济发展，进入新常态。计算机软件作为科技创新的重要载体和核心力量，主宰着科技革命发展的方向。注重提升创新软件能力，形成以知识产权保护为基础，协同商业秘密与《著作权法》等法律体系的协同维护新格局。运用知识产权体系多维度保护软件实现过程，保护软件开发者的创新思维和劳动成果，提高专利服务行业从业人员的专业素养，为科技创新提供高层次、高质量的代理服务，为软件产业的优化发展保驾护航。发挥计算机及其软件作为科技发展的核心力量，激发创新人才的发展潜能，调动全社会的创新创业积极性。

科技革命给人类社会带来了新的机遇和挑战，赋予了人类前所未有的创新和实践空间。科学创新解决了社会发展所面临的各项重大难题，物联网、大数据、区块链、人工智能、无人机、基因工程、新材料等颠覆性技术应运而生，社会生活方式发生了深层变革。科技创新的高潮积累的量变终究会演变成为科技革命的质变。计算机及其软件作为科技发展的核心力量，主宰了科技革命的发展方向。

我国在1990年出台的《著作权法》规定了计算机软件属于著作权客体。1991年发布的《计算机软件保护条例》明确了计算机软件属于著作权客体的法律规定。2001年国务院修订了《计算机软件保护条例》，使其与TRIPS协议相一致。此后国家推行了一系列进一步鼓励软件产业和集成电路产业发展的政策，旨在推动我国软件行业向纵深方向发展。这些政策对于增强科技创新能力，提高产业发展质量具有重要意义。我国《专利审查指南》中对可申请保护的软件做出了具体解释："计算机程序包括源程序和目标程序。计算机程序的发明是指为解决发明提出的问题，全部或部分以计算机程序处理流程为基础，计算机通过执行按上述流程编制的计算机程序，对计算机外部对象或内部对象进行控制或处理的解决方案。"即计算机程序一旦构成技术方案解决技术问题，其与其他领域的专利对象一样在知识产权保护体系中具有一般性。

一、计算机软件及其保护模式解析

（一）计算机软件及其属性

计算机软件具有无形性、专有性、地域性、时间性、易复制、创造性、不可替代性等属性。计算机软件的核心在于算法，算法是一种智力活动的规则，是对数据施以处理步骤，对数据结构进行操作，解决问题的方法和过程。软件是算法运行于规则并体现出的技术效果。软件是用硬件支持的源代码作用于外设来实现功能。从形式上看，一个抽象的算法被界定为没有任何物质实体的纯粹的逻辑，似乎仅仅是一种"自然法则"或"数学公式"，属于"智力活动的规则和方法"，因此，得出了软件不属于专利保护范围的结论。

在 20 世纪 30 年代，邱奇—图灵命题（Church — Turing Thesis）明确提出了所有计算机程序的等价性。"图灵等价"（Turing Equivalent）广泛应用于编程人员使用编程语言开发处理的某一事项。软件功能对用户而言是封闭的黑匣子，用户体验结果在于最终呈现的功能性。体验结果也许大抵相同，但其实现途径差别迥异，作品的创作过程不能被另一个创作者完美复制。软件开发实现途径丰富，对开发者创新实践过程施行全方位保护势在必行。

软件产品在一定程度上是独立存在形式，离开了设备平台就失去了运行根基，软件与计算机或其他硬件设备相结合使用才能构成一种具体的技术方案。两者作为有机整体相辅相成，构成工具性的装置后才具备一定的技术效果，能够解决技术问题，体现其存在的价值。最终实现了对自然规律的间接利用，具备了软件产品的技术性和实用性。

（二）计算机软件的保护模式

在科技飞速发展的当下，受信息共享、传播迅速、侵权成本低等因素的影响，软件源代码的"再使用"和"逆向工程"等侵权行为屡见不鲜。目前普遍使用的著作权、商业秘密、专利法等保护模式，在各自领域作用的同时接受着实践的检验。

计算机程序作为功能性作品在各国普遍使用著作权法予以保护。著作权设定的合理使用范围服务于社会公益，保护期限较长，申请程序简单易行。然而著作权的软件使用制度，使得侵权成本低廉，导致计算机软件价值大打折扣。其他开发者使用相似的设计逻辑，用不同计算机语言开发出技术效果相同的软件，并不构成侵权。对于开发者而言，软件功能的确定和逻辑设计阶段同样重要，表达方式和设计方案本身都需要保护。版权法保护计算机软件效力有限，需要其他模式相互补充和配合。

商业秘密法依赖于合同对签订双方的约束，包括软件开发过程的程序、文档、技术构思等。然而计算机软件开发环境特殊，研发人员广、开发周期长、传播介质多。商业秘密保护效力局限于甲乙双方，对第三方的约束效力较弱。尤其对于技术含量高、成熟度饱满、市场前景好的研究成果，这种全面覆盖的保护方法一定程度上阻碍了科技成果转化和社会推广。

首先专利法较前两者而言，要求软件对象以公开换保护，从设计思想到源代码以同领域技术人员实现为准。其次在众多学科中，计算机软件需作用于技术平台才能实现技术效果，对专利文案的申请角度提出了更高的要求。专利审查周期相对较长，2~3年的授权时间与软件的保护时效相悖。计算机软件有着需求迅速、经济时效短、更新速度快等特点，考验着知识产权体系的适用性。

二、知识产权保护的方法和建议

在影响软件产业发展的环境中，列在首位的是政策环境，需要制定合乎我国国情发展的软件专利制度。专利法的宗旨在于鼓励和促进科学技术的进步和公众创新。它所保护的智力成果须具有一定的技术性和创新性，如使用某一技术方案解决了某一领域的技术问题。强化国民的保护意识，制定行之有效的软件专利保护措施，制定相应的法律法规，以适应和促进计算机软件行业迅速发展的趋势，充分发挥《知识产权法》在各项矛盾与冲突中的平衡与协调作用，统筹兼顾各方利益。

（一）知识产权多维度保护软件

在计算机程序的研发过程中，程序开发者经历从抽象构思到实现表达的三个层次，即需求规格层、处理逻辑层和编码表达层。需求规格层是软件的构思规划部分；编码表达层则是计算机的语言描述部分，内容以文字、图像等形式表达，是传统著作权法保护的客体；处理逻辑层处在研发表达阶段，包含该程序不同层次的组织结构和处理流程设计，也包含该程序的算法、数据结构、用户界面等部分。处理逻辑层保护的任务由知识产权体系完成。

软件实现阶段包含可行性研究报告、风险预测、系统框架设计、处理流程规划、算法设计仿真、系统组件交互接口、GUI（图形用户界面）等的搭建。知识产权体系中的专利分析、专利挖掘、专利检索、专利申请等对软件实现阶段进行全面系统的保护。软件设计中可申请专利保护的环节包括，设计文档、设计思想、设计技巧，以及技术方案本身包含的算法、程序、指令、软件、逻辑等。专利保护不仅停留在保护内容的表现形式上，也保护创新思维。

（二）计算机软件的作用平台

在机械、电学、通信等领域中，越来越多的技术性发明已不局限于传统的"产品"

范畴，大都需要软件和硬件相结合予以实现，软件功能模块与硬件实体模块之间的界限变得越来越模糊。例如工业控制、电子设备、可编程逻辑器件等诸多应用领域中，计算机程序已取代了传统的物理操控，计算机程序实现阶段所涉及的硬件改进，减少了处理器的负担或对计算机的存储进行资源配置，均属于计算机程序的范畴而非制造了新的计算机。软件与硬件设备结合，将装置的概念更大范围延伸。将计算机软件以产品或装置的形式加以保护，使之符合专利授权的实体。同时随着实体部件与虚拟部件交互关系复杂程度的加深，在撰写包含程序特征限定的产品专利申请时，如何清晰、准确地获得保护范围，也为代理行业带来了更大的挑战。

（三）专利申请文件的撰写要素

我国目前采用的审查标准相较欧洲专利局的标准，在实践中更为严格。代理人要想在计算机软件的专利保护中取得主动地位，必须要在专利申请文件的撰写和代理理念上不断提高专业素养，争取保护范围最大化。代理人需要对交底材料深入浅出地分析，明确申请保护客体，明确专利分类，进行专利检索，查验抵触申请，撰写说明书，依次明确技术领域、背景技术、发明内容、权利要求等编写任务，及时有效答复审查意见，促进专利授权工作有序进行。

用专利制度保护软件，首先需明确软件是否属于技术领域，是否为技术产品。涉及计算机程序的发明专利，若是与设备结合运行的程序，能够解决技术问题且遵循自然规律的技术手段，并具备获得符合自然规律技术效果的可实施产品，即属于专利保护的客体。

我国使用的国际专利分类系统（IPC）是国际通用的专利分类系统。在"A~H"八个部的标题下，进一步分为大类、小类、大组、小组。与运算和计数有关的申请被分到了 IPC 大类 G06 下。其中大组"G06F9- 程序"控制装置和小类"G06F9/40"为用于执行程序的装置。

在撰写此类权利要求时，需要体现出所解决的技术问题和达到的技术效果，以技术手段描述技术特征，而非单纯呈现程序的源代码。权利要求的主题名称和内容避免使用软件、程序等名词，避免审查员直接认定为智力活动的规则和方法，包括软件技术特征等限定主题的权利要求，通常被认为是对软件本身的解释说明，而非描述一种技术方案，通常被排除在专利保护客体之外。

将解决方案的功能模块构架写成方法权利要求。根据交底材料明确计算机程序的实现过程，确定技术实现构成要素包括必要技术特征，按完成的技术效果划分为多个组成的逻辑或流程。说明书中以计算机程序流程为基础，按照信号处理的流向，以自然语言描述各功能模块的详尽功能、模块间的信息交互、各自实现的技术效果及解决的技术问题。权利要求描述包含特定技术特征和必要技术特征的主题。

软件作用与硬件设备是解决技术问题的实体装置，写成装置权利要求。权利要求描述装置的模块组成及各模块完成的程序功能，以及模块组成之间的连接和交互关系。说明书根据附图描述的装置硬件结构图详细描述硬件模块组成、模块关系、信号流向、参数大小等，以本领域的技术人员能够实现的为准。说明书中要描述作用于硬件装置的软件设计流程图，若涉及对计算机装置硬件结构做出改变，说明书中应具体描述技术实现的可行性和优势。

（四）建立协同作用保护格局

计算机软件本身具备技术性和作品性的双重性质，其创新型想法或智力劳动的成果可通过不同方式进行保护。为了更好地保护创业创新成果，促进科技技术健康快速发展，需要建立以知识产权保护体系为基础，联合著作权、商业秘密、商标法等法律法规协同作用的保护格局。知识产权保护全面覆盖，《著作权法》通用于作品描述，商业秘密平衡供求双方，商标法打造品牌形象，促进创新成果转化和市场推广，这些政策方法有机结合，构成对计算机软件全面护航的保护体系，提高我国计算机软件设计行业的自主创新积极性，发掘创新人才，调动全社会的创新创业积极性。

当今社会科技改变世界，计算机软件作为科技创新的主体，是国民经济和社会信息化的重要基础。建立以知识产权为基础的协同作用保护体系，不断提高专利服务行业的专业素养，为科技创新提供高质量的服务，推动软件产业快速健康发展。发扬计算机及其软件作为科技发展的核心力量，发挥科技创新作为提高社会生产力和综合国力战略支撑的优势。推进理论创新、实践创新、制度创新、文化创新等各方面的有机结合，鼓励形成创新的良好社会氛围。高度重视战略前沿技术发展，通过自主创新掌握主动。增强全民创新意识，最大限度激发创新人才的发展潜能，让创新创业在全社会蔚然成风。

第三节　计算机软件安全漏洞检测

本节针对计算机软件安全漏洞检测分析论题，阐释计算机软件安全漏洞概念，分析计算机软件安全检测现状，指出计算机软件安全漏洞检测范畴，分析完善计算机软件安全检测的对策。

一、计算机软件安全漏洞概念

计算机安全漏洞。漏洞是指一个系统存在的弱点或缺陷，系统对特定威胁攻击或危险事件的敏感性，或进行攻击的威胁作用的可能性。漏洞可能来自应用软件或操作系统设计时的缺陷或编码时产生的错误，也可能来自业务在交互处理过程中的设计缺陷或逻辑流程上的不合理之处。

这些缺陷、错误或不合理之处可能被有意或无意地利用，从而对一个组织的资产或运行造成不利影响，如信息系统被攻击或控制，重要资料被窃取，用户数据被篡改，系统被作为入侵其他主机系统的跳板。从目前发现的漏洞来看，应用软件中的漏洞远远多于操作系统中的漏洞，特别是 WEB 应用系统中的漏洞更是占信息系统漏洞中的绝大多数。

二、计算机软件安全检测现状

（一）针对性不强

现阶段，有相当数量的检测人员并不按照计算机软件的实际应用环境进行安全检测，而是实施模式化的检测手段对计算机的各种软件展开测试，导致其检测结果出现一定偏差。毫无疑问，这种缺乏针对性的软件安全检测方式，无法确保软件检测结果的普适性。基于此，会导致软件中那些潜在的安全风险并未获得根本上的解决，以至于在后期运行中给人们的运行造成不利影响。须知检测人员更应当针对计算机使用用户的需求、计算机系统及代码等特点，并以软件的规模为依据，选择最为恰当的一种安全检测方法，只有这样，才能够提高检测水平，使用户获得更为优质的服务。

（二）长期存在被病毒感染的风险

现代病毒可以借助文件、邮件、网页等诸多方式在网络中进行传播和蔓延，它们具有自动启动功能，常常潜入系统核心与内存，为所欲为，甚至造成整个计算机网络数据传输中断和系统瘫痪。

（三）缺乏对计算机内部结构的分析

在对计算机软件进行安全监测的过程中，必须对软件的内部结构实施系统分析，方能体现检测过程的完成性。然而，却有许多检测人员对计算机软件的内部结构所知甚少，缺乏系统的认知与检测意识，使得在面临安全性问题时，检测人员无法第一时间对所发生的问题进行及时处理，最终致使计算机软件运行不稳定。

三、计算机软件安全漏洞检测范畴

（一）安全动态检测技术研究

①非执行栈技术。由于内部变量特别是数组的变量都存在于栈中的，所以攻击者可以向栈中写入恶性代码，之后找办法来执行此段代码。防范栈被攻击最直接的方式就是让栈不可以执行代码。只有这样才能使攻击者写在栈中的恶意代码不能被执行，

从一定程度来看，它防止了攻击者。②非执行堆和数据技术。鉴于堆主要是在程序运行的时候动态分配内存的一个区域，数据段却是在程序编译的时候就应经初始化了。堆与数据段如果都不可以执行代码，那么攻击者写入它们当中的恶性代码就不能执行。③内存映射技术。利用以 NULL 结尾的一些字符串来覆盖内存，是有些攻击者常用的方式。利用映射代码页的方法，便可以使攻击者较为困难地使用以 NULL 结尾的那些字符串顺利地跳转到比较低的内存区当中。④安全共享库技术。有些安全漏洞主要是源于应用了一些不安全性的共享库。安全共享库技术可以在一定的程度上防止攻击者所展开的攻击。⑤程序解释技术。从实践来看，当前技术效果最为显著的一种方法是在程序完成后，对该程序行为进行监视，并强制对其进行安全检测，此时需要解释程序的一些执行行为。

（二）安全静态检测技术的研究

①漏洞分类检测。安全漏洞的分类方法是多种多样的。按照已有的方法分类，则漏洞就会分为几个非常细致的部分，绝大多数的检测技术可以覆盖的漏洞相对分散，因此难以在漏洞类型上找到它们所共有的特点。因此，为了方便比较，可将漏洞分为安全方面的漏洞与内存方面的漏洞。②静态检测技术。该方法主要是对程序代码进行直接扫描，并提取其中的关键语法和句式，通过解释其语义来理解程序行为，然后再严格按照事先预设的漏洞特征及计算机系统安全标准，对系统漏洞进行全面检查。

四、完善计算机软件安全检测的对策

（一）模糊检测

模糊检测的技术基础依赖于白盒技术，由于白盒技术可以较为高效地继承模糊检测与动态检测的综合优点，其检测效果也比较准确。

（二）以故障注入为背景的安全性检测

这种检测方法的关键就在于构建故障树。该检测法可以把软件系统中发生故障率最小的事件先当成是顶层事件，接着再依次明确中间事件、底层事件等，最后，就能够通过逻辑门符号来完成对底层事件、中间事件及顶层事件的连接，构建故障树。该检测法的优势就在于能够实现对故障的自动化检测，可高效地体现故障检测的效果。

第四节　计算机软件中的插件技术

插件技术存在的主要目的就是在不对计算机软件进行修改调整的基础上对软件的

使用功能进行拓展与调整。插件技术可以从外部提供给应用程序相应的接口，并且通过接口的相关约定为应用软件提供所需要的功能。以下主要针对插件技术及其在计算机软件中的运用进行探析。

插件技术是当前计算机软件开发中广泛使用的技术之一，有效扩展了计算机软件的开发范围，使计算机软件开发便捷与高效。插件技术的使用不仅可以实现多人一同开发计算机软件，还能够显著减少软件开发的工作量，使得软件的使用与后期维护更加便捷。

一、插件技术及其类别

插件技术的应用使得计算机软件的开发达到了前所未有的高效与方便。不同的应用目标可以由不同类型的常见技术来实现，主要可以分为三个类别:第一，聚合式插件。聚合式插件是插件技术中较为普遍、也相对简易的一种类型，其可以使用当前已有的程序来进行插件的制作，这十分彻底地体现聚合式插件的应用特点与优势。聚合式插件的自由度相对较高，用户可以根据需求来设计端口对应用软件进行处理，使得插件与应用软件的关系更加紧密，信息数据沟通更加方便快捷。例如，需要制作某款计算机软件的插件编程人员则能够创建不同端口来对软件中的资源数据进行访问，并通过数据来优化插件制作。第二，脚本式插件。脚本式插件是插件技术类型中对技术含量要求相对更高的类型。编程人员在制作脚本式插件的时候也需要使用到较高的专业技能。脚本式插件在使用过程中不需要使用其他软件辅助即可以独立地完成软件的制作。第三，批处理式插件。这一类型插件技术的运用范围最为广泛，主要特点是操作简易，不需要过高的专业技能即可操作。属性多为文本节件，即使不是十分专业的编程人员也可以对插件进行操作。相对于聚合式插件以及脚本式插件来说，批处理式插件的自由度较低，在实际操作过程中必须按照程序的每个步骤来进行，不得任意调整或删减步骤。

二、计算机软件中的插件技术

（一）插件技术在计算机软件中的优势

插件技术应用在计算机软件中是非常有必要的。应用软件的插件与插件之间是相互独立，不受干扰的。结构独立灵活，可以根据计算机软件的使用需求来进行调整或删除，使得计算机在管理与维护上更加便捷。插件的构成部分就是一系列更小的插件功能，集中统一向外部提供所需服务，所以插件具有可复制性。如需要调整软件结构只需要删除相关插件即可，大大减少了调整软件的不便。

(二) 插件技术的具体运用

1.Java 虚拟机

Java 虚拟机插件即为 Java Virtual Machine，其是一个非实物的、虚拟的计算机程序。在使用中 Java 虚拟机插件可以被使用到计算机当中用以模拟不同计算机的功能。Java 虚拟机插件的结构相对完善，能够完整地实现数据传递、信息处理、信息命令执行以及信息存放等常用功能。如用户要在互联网中访问非普通网站，则可以利用 Java 虚拟机插件来获取非一般网页的素材。

2. 3DWebmaster 网上虚拟现实

一般网络环境的虚拟场景建设均是使用 3D 技术实现的，3D 技术耗时长、人工消耗大、制作效果也差强人意。基于此背景 Super Scape 设计了一款专门用来构建虚拟环境的插件，即为 3DWebmaster。与此同时，还根据浏览器所展现的浏览效果增加了强化效果插件 Vis Cape。两种类型的插件配合使用可以高效地被运用在虚拟场景的构建中，通过充分运用计算机的超强的运算能力，让用户在通过浏览器观看虚拟现实场景时变得更加身临其境。

3.Acrobat Reader 网上文学阅读

Acrobat Reader 是由 Adobe 公司开发的网络文学阅读应用插件程序。用户在使用该程序的时候可以读出 PDF 格式的文件，并且可以根据需求进行打印。而且文档中能够留存文本格式。如用户浏览器中安装了 Acrobat Reader 插件，浏览器也不会显示相关信息。假如用户在使用浏览器的时候要阅读 PDF 格式的文件，则浏览器可以自动打开 PDF 格式文件。

总的来说，对于现代计算机及其应用来说，计算机软件的应用与开发是计算机发展的重要内容。在计算机软件开发探索的过程中插件技术是不可忽略的重要部分。对插件的类型、插件优势以及插件的应用进行分析可以使得插件更好地被运用到计算机软件的使用中来，并且提高软件的开发能力、使用过程中的有效性，降低软件开发成本，更好地满足用户的各类计算机使用需求。

第五节　计算机软件开发语言的研究

随着经济的不断发展，科技水平的不断进步，网络的不断拓展和优化，人们的生活水平不断提高，越来越多的人对精神文化要求越来越高，使得计算机已经成为人们生活中不可缺少的娱乐工具、学习工具、影音工具，而计算机软件则扮演着重要的角色，不断地丰富着人们的精神文化生活；而每一款计算机软件都是使用一种或者几种计算机语言开发而成，每一种软件开发语言都有其特点和应用范围，而选择适当的计算机开发语言能够减少开发者的工作量，并且能够给软件使用者带来不一样的使用效果。

作为软件开发过程中的支撑者，软件开发语言起着决定性的作用，每一种软件开发语言都有其自己的特性和使用范围，适当地选择软件开发语言能够大大地减少软件开发者的工作量，并能给软件使用者带来不一样的视听体验和使用体验。从历史上看，计算机软件开发语言经历了从低级到高级，由不完善、不成熟到逐渐完善和成熟的发展历程。随着计算机软件开发语言的成熟和完善，其主要经历了从面向过程的计算机软件开发语言，到面向对象的计算机软件开发语言，再到面向方面的计算机软件开发语言的三个发展阶段。每一个发展阶段的计算机软件开发语言都有着与当时环境相辅相成的特征。

一、编程语言概述

编程语言即计算机语言（Computer Language），指用于人与计算机之间通信的语言。计算机语言是人与计算机之间传递信息的媒介。计算机系统最大特征是指令通过一种语言传达给机器。为了使电子计算机进行各种工作，就需要有一套用以编写计算机程序的数字、字符和语法规划，由这些字符和语法规则组成计算机各种指令（或各种语句）。这些就是计算机能接受的语言。

从计算机产生到如今，已经发展出很多种计算机语言，但总的来说计算机语言可以分成机器语言、汇编语言、高级语言三大类。其原理是电脑每做的一次动作，一个步骤，都是按照已经用计算机语言编好的程序来执行的，程序是计算机要执行的指令的集合，而程序全部都是用我们所掌握的语言来编写的。所以，我们是通过向计算机发出相应的命令来操控计算机。通用的编程语言有两种形式：汇编语言和高级语言。汇编语言和机器语言在本质上是相同的，都是直接操控已有的计算机硬件，只是采用了不同的计算机指令而已，便于人们容易识别和记忆。这样就可以使得源程序经汇编生成的可执行文件占有很小的存储空间，并且拥有很快的执行速度。

如今，大多数程序员都选择高级语言来开发软件。和汇编语言相比，它拥有简单的指令，去掉了与实际操作没有关系的细节，能够更好、更快地操作计算机硬件，大大简化了程序中的指令。同时，由于省略了很多细节，编程者也就不需要有太多的专业知识，并且可以易于理解和记忆。

高级语言主要是相对于低级语言而言，它并不是特指某一种具体的语言，而是包括了很多编程语言，如流行的 C++、Java、C#、Physon 等，这些语言的语法、命令格式都各不相同。高级语言所编制的程序不能直接被计算机识别，必须经过转换才能被执行，按转换方式可将它们分为两类：解释类和编译类。

二、几种编程语言介绍

（一）C 语言

C 语言是 Dennis Ritchie 在 70 年代创建的，它被设计成一个比它的前辈更精巧、更简单的版本，它适于编写系统级的程序，比如操作系统。而在此之前，操作系统是使用汇编语言编写的，而且不可移植，而 C 语言却使得一个系统级的代码编程成为可移植的。其优点为可以编写占用内存小的程序，并且运行速度快，很容易和汇编语言结合，具有很高的标准化，可以在不同平台上使用相同的语法进行编程，而相对于其他编程语言，例如 C#、Java、C 语言为面向过程语言，而不是面向对象语言，并且其语法有时候非常难于理解，在个别的使用情况下会造成内存泄漏等问题。

（二）C++ 语言

C++ 语言是具有面向对象特性的 C 语言的继承者。面向对象编程，或称 OOP（面向对象）的下一步。OO 程序由对象组成，其中的对象是数据和函数离散集合。有许多可用的对象库存在，这使得编程只需要将一些程序"建筑材料"堆在一起。其跟 C 语言相似，并且可以使用 C 语言中的类库等，但它比 C 语言更为复杂。

最初 Java 是由 Sun 设计用于嵌入程序的可移植性"小 C++"。在网页上运行小程序的想法着实吸引了不少人的目光。事实证明，Java 不仅仅适于在网页上内嵌动画——它是一门极好的完全的软件编程的小语言。"虚拟机"机制、垃圾回收以及没有指针等使它很容易实现不易崩溃且不会泄漏资源的可靠程序。Java 从 C++ 中借用了大量的语法。它丢弃了很多 C++ 的复杂功能，从而形成一门紧凑而易学的语言。现在的人多数都用它来开发网页、服务器等，还有我们每个人都在使用的安卓手机软件也是用 Java 语言开发的。

（三）C#

C# 是一种精确、简单、类型安全、面向对象的语言。其是 .Net 的代表性语言。什么是 .Net 呢？按照微软总裁兼首席执行官史蒂夫·鲍尔默的说法把它定义为：.Net 代表一个集合，一个环境，它可以作为平台支持下一代 Internet 的可编程结构。

C# 的特点：

（1）完全面向对象。

（2）支持分布式。

（3）自动管理内存机制。

（4）安全性和可移植性。

（5）指针的受限使用。

（6）多线程。和 Java 类似，C# 可以由一个主进程分出多个执行小系统的多线程。C# 是在 Java 流行起来后所诞生的一种新的程序开发语言。

三、如何选择编程语言

面对于形形色色的语言，对于初学者，都不知道如何去选择，经常听别人说，语言只是一种工具，会用就好，还有人说，学习一种语言，精通了，再学其他语言就非常容易了。的确，语言只是一种工具，就像在不同的场合穿不同的衣服一样，在不同的环境、做不同的项目、实现不同的功能时选择一种对的语言对软件开发者有很大的帮助，具体应选择什么样的语言要在软件的实际开发过程中做决定，像一些兴起的语言，比如 QML、XAML 语言，很多开发者都用它来写软件界面，以达到炫酷的效果，给使用者以较好的视听体验。

对于软件编程来说，选择软件开发语言尤其重要，选择正确的软件开发语言能够让你在软件开发过程中减少不必要的麻烦，提高软件开发效率和加快软件运行速度，并能够给用户带来良好的体验感和视听效果。

第三章　计算机信息化技术

第一节　计算机信息化技术的风险防控

目前，计算机信息化技术已经在各行各业中得到了广泛的应用，并且对人们的生产生活方式产生了巨大的影响。随着相关技术的不断发展，尤其是5G技术的应用，计算机信息化技术将发挥更加积极的作用。但同时计算机信息化技术也存在一定的安全风险，必须加强风险防控措施，确保计算机信息化技术的有效应用。基于此，本节对新时代计算机信息化技术风险防控的相关内容进行了简单分析。

计算机信息化技术的应用能够对资源进行合理、高效的配置，全面提高生产和管理效率，使得各个领域的经济效益增加。同时，计算机信息化技术的应用还为教育创新、管理方式优化等提供了有力的支持。对于计算机信息化技术的安全风险问题，必须从多个方面采取措施进行防控，保障计算机信息化技术的综合效能达到最优。

一、新时代计算机信息化技术的主要安全风险问题

目前，计算机信息化技术在应用过程中的安全风险问题主要有以下三个方面。一是外来入侵风险。由于计算机信息化技术是基于信息网络进行数据通信和信息共享的，不可避免地会受到黑客和计算机病毒的恶意攻击，这种外来入侵风险是基于计算机技术和网络技术的专业攻击，具有一定的技术性和针对性，是计算机信息化技术安全风险防控的重点。二是网站安全管理技术落后。计算机信息化技术在应用过程中需要采用相应的专业的信息安全管理技术保障信息和数据的安全，如果安全技术缺失或者落后，会严重影响计算机信息化技术的重要应用安全，出现信息泄露、被恶意篡改等问题。这同时是计算机信息化技术安全风险防控的关键问题。三是人为因素的影响。这主要是指没有按照计算机信息化技术的应用规范进行操作，或者是主观安全风险防控意识不强造成的安全风险问题，是必须解决的重要问题。

二、新时代计算机信息化技术安全风险防控的对策和措施

结合计算机信息化技术的应用实际，建议从以下几个方面采取措施，解决计算机信息化技术的安全风险问题，强化计算机信息化技术安全风险防控。

（一）强化计算机信息化技术的安全管理

面对随时可能发生的外来入侵安全威胁，要通过加强安全管理来应对，具体地说，要做好以下几个方面的工作。一是加强计算机信息化技术管理与信息安全管理，制定相应的应急处理预案，一旦出现问题能够及时采取措施进行解决。二是设置计算机信息化技术应用的安全防护软件，使用计算机安全保护系统，加强网络平台的安全防护。三是加大对网站安全的检测力度，及时更新计算机安全防护软件，对于发现的系统安全漏洞要进行及时处理，对计算机信息化技术应用体系进行定期杀毒，为计算机信息化技术的应用创造安全的环境。例如在网站修复管理方面，购买正规渠道的杀毒软件，将其安装到计算机上并进行定期维护、升级，在保障计算机软件良好杀毒性能的基础上保证计算机信息化技术应用的安全。

（二）构建风险预警管理系统

构建风险预警管理系统是计算机信息化技术安全风险防控的重要措施，在计算机信息化技术应用的基础上构建相应的预警系统，对外来风险进行预警。例如在电子商务领域中，当电商交易双方在交易过程中收到病毒攻击可能发生信息泄露或者影响交易行为的时候，预警系统能够向交易双方发出警示，提醒交易者更加谨慎地进行交易。同时预警系统还具备病毒清理和漏洞修补的功能，能够对计算机信息化技术应用环境进行净化，保证计算机信息化技术发挥积极作用。

（三）做好安全规划工作

计算机信息化技术已经在各行各业中得到了广泛的应用。为了保障技术应用安全，除了要做好安全管理和风险预警之外，更重要的是要根据计算机信息化技术应用的实际，提前做好风险评估，落实安全规划。例如计算机信息化技术在企业管理中的应用，要结合企业的发展管理目标和经营计划制订计算机信息化技术的安全管理方案，包括提高企业员工的技术应用安全意识、规范企业员工的信息化技术操作等，避免因人为操作失误导致计算机信息化技术安全风险。在针对机密信息的管理，要规定操作者的范围，明确管理者的权限，并且通过动态密码和身份验证双重管理方式来保证机密信息和数据的安全。另外，还要针对禁止浏览垃圾网站、避免泄露个人信息等进行相应的规定，全面做好安全规划工作。

（四）加大风险防控投入力度

加大计算机信息化技术风险防控工作投入是有效的风险防控措施之一。一方面，要加大资金投入，引进高质量、先进的硬件设施设备，购买安全软件、杀毒软件，为计算机安装防火墙。同时要对内部信息化管理软件进行定期的升级，从多个角度保障软件的使用安全。另一方面，要加大人力投入。健全计算机信息化技术安全应用培训，同时引进专业的计算机技术人才，为计算机信息化技术安全应用构建良好的人力保障。

为了保障计算机信息化技术在各领域发展方面发挥积极作用，必须做好风险防控工作，加强安全管理，构建风险预警系统，做好安全规划，加大投入力度，不断优化计算机信息化技术的应用环境，保证计算机信息化技术安全。

第二节　计算机信息化技术应用及发展前景

计算机信息化技术包括通信技术、互联网、数据库等，它广泛应用于社会生活的各个方面，为人类的生活带来了极大的便利。随着时代的不断进步，我国的计算机技术也得到了全面的发展，人们的生活发展都依赖着计算机信息化技术，发展计算机信息化技术并探索其发展前景对推动社会进步意义深远。本节就计算机信息化技术在社会上各个方面的应用，以及在未来发展前景两个方面做出简要的探讨。

一、计算机信息化技术的发展现况

（一）与社会经济发展相得益彰

计算机信息化技术的发展一定程度上取决于社会经济的发展，它们之间的关系是密不可分的。由于社会经济的不断发展，人们对于计算机信息化技术的要求也在不断地提高。这在一定程度上将计算机信息化技术与经济发展相结合，例如计算机信息化的数据处理技术和运算能力的不断提高，对我国经济的快速发展起着不可估量的重要作用。当今社会，只有不断提高经济的发展水平，才能推动社会的进步，才能将先进的技术从国外引进来，并加以研究与开发。

（二）计算机信息化技术应用不平衡

受地区经济发展水平的限制，对于使用计算机信息化技术，各地区存在很大的不平衡性。发达地区因为经济发展水平高，将计算机信息化技术应用于企业发展的机会就相对较大，对于企业的发展也好。相反地，地区因为经济发展落后，很多企业在很大程度上不能够将计算机信息化技术应用在企业发展中，企业的发展前景也就相对较差。因此，发展计算机信息化技术，必须要国家统筹地区发展，缩小差距，如此一来，才能够将计算机信息化技术广泛应用于各个地区，共同推进社会的经济发展。

二、计算机信息化技术的应用

（一）在企业的应用

在企业工作上运用计算机信息化技术，主要是通过计算机呈现出的市场信息，把握市场动态，进而抓住企业发展的机会，使企业在激烈的市场竞争中处于不败之地。例如，计算机信息化技术可以在保护用户数据和信息安全的前提下，通过精准无误地把握客户的特点，将重要的客户信息带给企业。再者，企业也可以通过计算机视频信息化处理技术进行视频会议，而解决了受地域限制难以进行随时随地交流的困难，它不仅大大提高了企业员工的工作效率，也促进了企业的发展。

（二）在教育方面的应用

计算机信息化技术在教育方面也得到了广泛应用，并对教育的发展起着尤为重要的作用。对教师而言，他们可以利用计算机信息化技术进行多媒体网上教学，这样不仅节省了教师上课板书的时间，而且可以通过图片展示、视频放映的方式，丰富课堂教学模式，进而提高课堂效率。就学生而言，学生可以在学习过程中通过互联网进行网上资料查阅，学生们也可以下载各种各样的学习软件进行多方面的学习，不断提高自己的阅历，丰富知识。计算机信息化技术的应用，对平衡教育资源的分布也起着不可替代的重要作用。比如在偏远的落后地区，由于经济受限，在孩子们受教育受阻的情况下，都可以通过网上学习来达到受教育的目的。

三、计算机信息化技术的未来发展趋势

（一）走向网络化

随着计算机的不断普及，计算机信息化技术越来越在不断地进步与发展，全民上网已成了一个必然的社会发展趋势，未来社会人们将普遍生活在一个网络圈中。与此同时，互联网经济的出现与发展也得益于计算机信息化技术的应用与发展。现如今，线上经济在人民的生活中占据着重要的位置，人们越来越习惯于线上购物，在日益繁忙的当今社会，人们为了节省时间，足不出户就能买到自己的心仪物品，这何尝不是一件既方便又省时的事情。

（二）走向智能化

如今的时代是一个智能化时代，智能化时代的出现离不开计算机信息化技术的发展。计算机的发展带动着科技的不断进步，科技的进步为智能时代的到来起着奠基性

的作用。随着智能手机的普及，人们可以实现"一机在手，说走就走"的愿望。今年，人工智能专业也在南京大学首次开设，用实际行动证明我们的智能时代真的到来了。尽管智能手机发展如此迅速，计算机信息化技术也不会落后于社会发展的潮流，它也会朝着智能化不断迈进。在未来社会发展中，计算机智能信息化技术也占据着一席之地，为人类的进步贡献出自己的一份力量。

（三）走向服务化

任何科技的发展都以服务于人类社会为主要目的。计算机信息化技术走向服务化也是它不断发展的一个趋势。机器人的研究与发展就是借助计算机信息化技术，他们通过向机器人的大脑中输入数据，并通过计算机在后台进行控制，使其能够像正常人类一样从事工作，服务于社会。在未来，随着我们人类的工作逐渐由机器人替代，我们的职业将走向更加高端的并且机器人无法取代的职业。计算机信息化技术的发展，将会制造更加利于社会发展、服务于社会的机器人，来代替人类从事劳动。

计算机信息化技术在社会生活的各个方面都得到了广泛的应用，它的发展前景是非常乐观的。而且，随着社会的不断发展，计算机信息化技术也会逐渐地完善，它在推动经济发展、社会进步方面发挥着越来越重要的作用。无论是在生活中，还是在工作学习中，我们都离不开计算机、计算机信息化这一技术的发展。未来社会，随着智能化的不断推进，我们越来越依赖于信息化技术的应用与研究，它能够指引社会的发展方向，推动社会的进步。

第三节　计算机信息技术中的虚拟化技术

本节介绍计算机虚拟化的技术原理和工作模式，如桥接模式、转换网络地址模式、主机模式。分析虚拟化技术的实际应用、计算机虚拟技术现状与不足，探讨虚拟技术应用能力的提高，以期凸显虚拟技术的价值，满足社会大众需求，更好地促进社会的进步与发展。

计算机技术是信息领域的重要工具，是信息产业发展的重要组成部分，在社会与经济发展中起到举足轻重的作用。计算机是人们生活和工作的重要工具，在社会的各个领域都普遍应用。人们的生产和生活离不开计算机的运用，信息技术的不断更新与发展，为人类社会的进步和生活效率的提高做出了重要贡献。在日益激烈的竞争中，计算机技术在不断地升级与更新，人们通过信息网络的使用，能够不断提高工作效率，因此，计算机技术的应用也是在不断地遵循和掌握市场的趋势。我们能够及时掌握新的信息技术与原理，会更有利于开展工作。

一、计算机虚拟化技术原理

虚拟化技术的应用需要计算机技术的支持。计算机技术对于虚拟化技术的支持力度是有差异性的，要经过验证系统的管理程序，确保计算机系统的管理程序对虚拟化技术支持的吻合度，才能够确定机器对于虚拟化技术应用的支持。系统管理程序包括操作系统和平台硬件，如果系统管理程序具备操作系统的作用，也可以称为主机操作系统。虚拟机是指客户操作系统，虚拟机之间是相互隔离的，并非所有的机器硬件都支持虚拟化技术，会因产生不同的指令而导致不同的结果。同时，在执行系统管理程序时，需要设定一个可用范围来保护该系统，这是针对虚拟化技术采用的方案，还要进行扫描执行代码，以确保执行系统的正确性。

二、计算机虚拟化的工作模式

（一）桥接模式

在一个局域网的虚拟服务器中建立相应的虚拟软件，不同的网络服务应用于所在的局域网中，为用户带来了很大的便利。将虚拟系统等同于主机进行工作，连接不同的设备，在信息网络中存在不同的计算机。同时，分配好网络地址、网关及子网掩码，其分配模式与实际使用中的装备相类似。

（二）转换网络地址模式

有效利用网络地址转换方式，能够在不需要手工配置的情况下对互联网进行相应的访问。这种模式的主要优势是：在不需要其他配置的情况下，比较容易接入互联网，只需确保宿主机进行正常访问互联网就可以。宿主机与路由器具有相同的作用，进行网络连接，有效运用路由器是十分简便的方式，而虚拟系统等同于现实生活中的一部计算机，获得网络参数的途径是利用 DHCP。

（三）主机模式

在虚拟与现实需要明确划分的特殊环境里，采用主机模式是必不可少的步骤，这种模式的操作原理是：能够使虚拟系统互访。由于虚拟系统操作与现实系统操作是相互分离的，在这种情况下，虚拟系统无法对互联网进行直接访问。在主机模式中，虚拟系统可以完成与宿主机的互相访问，也称为双绞线的连接。由此可知，在不同的环境和需求下，所采用的操作模式也各有差异，要针对不同模式的不同特征，发挥其最大的作用。

三、虚拟化技术的实际应用

计算机网络技术迅速发展，其优势日益突出，在不断发展的同时，计算机虚拟技术的发展也在不断进步。通过公用的网络通道来打开特定的数据通道，以此来配置和分享所有的功能信息与资源。例如，所采用的虚拟化服务器技术，它的主要原理是利用虚拟化软件完成不同系统的共同运行，系统进行选择时不需要再一次启动计算机，由此可以看出，虚拟技术的应用对人们学习与生活的影响意义重大。虚拟技术在维护和修理方面所花费的成本较低，同时，其发展日益多元化，应用范围更广泛，一些学校、医院和较多的企事业单位均在应用虚拟化技术。在一个企业中，采用虚拟网络技术能够在不同科室之间进行分享与交流，给人们的工作带来了更多的便捷。在交流与分享信息时，可控制对虚拟广播中所需数据的流量，而不需要更改网站的运行，只要操作好企业内部的计算机虚拟网络就可以了。由此可见，虚拟化技术促进了系统能力的有效提升，同时，提高了企业的管理水平和工作效率。另外，计算机虚拟拨号技术的有效运用，有效地实现了组网，这种信息技术已广泛地应用在福利彩票的销售中，体现出了强大的作用和价值，能够保持每天 24 小时售票，而且操作简单易懂，这种信息技术打破了传统的工作模式，优化了福彩的销售方式，同时保证了数据传输的速度。

四、计算机虚拟技术的现状与不足

随着社会的不断发展，计算机网络不断增加数据流量。在人们的实际生活中，服务器的需求量更大。在建设网络过程中，为了确保其发展趋势能够满足社会的需求，网络虚拟技术的应用中出现了不同的品牌与配置技术，会造成设备在运行操作中损耗巨大的功率，从而增加管理成本。另外，服务器资源的利用效率不高，为 20% 左右。因此，建设虚拟化技术的前提条件是要提高服务器的利用率。只有这样，才能确保服务器的可靠性，以此带来较高的资源利用率。

五、虚拟技术应用能力的提高

分析计算机技术中虚拟技术发展的主要因素，以此提高其应用能力，通过详细地了解虚拟技术后，再认真分析，并采取以下的相应措施。第一，要构建好虚拟技术的开发环境，深刻理解与认知现阶段信息技术的先进理念，构建一个适合于虚拟技术有效应用的环境，确保其具备良好的发展空间，这是计算机虚拟技术进步的关键。第二，有效提高系统的安全性。安全性的有效保证会受到更多人的支持与青睐，因此，全面考虑按时消除计算机技术在虚拟技术应用中存在的安全隐患，确保其具有较强的安全性，为用户提供安全保障。第三，整合资源，在品牌和配置不统一的情况下，设备的损耗会加大。因此，完善与统一品牌的配置，才能够控制和降低成本，推动虚拟技术更好地发展。

通过阐述计算机虚拟技术原理、工作模式和其运行方式以及分析计算机虚拟技术存在的不足与现状，可以不断分析原因，在发展中创新思路，满足社会大众的需求，有效发挥其最大的价值。社会的进步与发展使虚拟技术的发展与价值日益凸显，这对社会发展具有重要的作用，它可以更多地服务于人们，促进社会更好地发展。

第四节　计算机信息技术的自动化改造

传统办公的模式在当下已经不能满足人们对办公处理的需求，正逐渐退出历史舞台，以计算机为主要载体的自动化办公开始得到普及。相较传统的办公模式，自动化办公是一种全新的办公处理方式，利用计算机为主体的先进的技术设备，极大提高了办公工作效率；在信息交流方面，办公自动化打破了传统封闭的模式，以一种开放的形式出现在大众面前，实现了信息的全面共享，一定程度上提高了办公处理能力。

科技的发展不仅给人们的生活带来变化，日常的办公中也处处体现着新的科技带来的便捷。近十年来，随着计算机的普及和互联网的发展，人们的办公形式已经由传统的纸质传输转向了自动化处理，这样的革新为提高工作效率，提升办公的准确性发挥了重要作用。

一、计算机信息处理技术在办公自动化上的应用分析

（一）Wed2.0 技术在办公自动化中的应用

网络技术快速发展，现代办公更加注重自动化方式，重视效率化提升，因此各种计算机信息处理技术也不断被应用于办公自动化上。Wed2.0 技术为计算机信息处理技术，在实际应用中，Wed2.0 技术却不是一种简单的 App，在这个平台上，Wed2.0 技术可为各行各业工作者提供不同服务，除外，Wed2.0 还可以进行服务链接，更好地为用户提供全面综合服务，使人们更加方便快捷开展工作。用户利用 Wed2.0 技术建立的交流平台，能有效加强企业或客户沟通，消除距离障碍，增强沟通效果，提升办公效率。Wed2.0 平台还具备较强的互动性能，能一一满足用户各种复杂要求，有助于用户办公效率提升。

（二）B/S 型结构在办公自动化中的应用

我国网络技术得到了很快的发展，相应各种信息处理技术也不断发展，B/S 型结构作为当前信息处理技术的一种，是基于三层体系结构的 C/S 型结构构成的。B/S 型

结构第一层体系为接口，该体系利用相应程序，实现与浏览器的连接，从而完成上网功能。B/S 型结构第二层体系是 Wed 服务器，通过第一层服务请求，Wed 服务器通过接收信息后做相应回复，然后将回复结果通过 HTML 代码形式回馈给用户。B/S 型结构第三层体系是数据库服务器，用户可以通过数据库随时提取和保存数据，工作过程中数据库与 Wed 服务协同，负责协调不同服务器上所传递指令，并处理这些指令。通过 B/S 型结构帮助，用户实现浏览相关网页办公，浏览器发出请求，由服务器再处理用户请求，处理完毕后将相关信息反馈到浏览器。加强 B/S 型结构在办公自动化上应用，运行和维护简单，能提供给不同用户，用户可以随时随地操作和访问。当用户需要转换和处理信息时，需要在 B/S 型结构上再安装一个服务器和数据库，这样就能在局域网和广域网之间来回转变。此外，B/S 型结构对于办公设备要求不高，有利于新技术推广应用。

二、计算机信息技术的自动化改造技术要点

（一）文字处理技术的应用

文字从产生以来就经历了漫长的发展过程。伴随文字的产生，对文字的处理也经历了很长一段时间的发展，从最初的手写发展到雕版印刷，再到现在的依靠计算机技术处理文字。运用计算机对文字进行编辑处理，极大方便了人们的生产生活，长期以来对文字技术的发展形成了一套运用计算机编辑处理文字的现代办公系统。在现代办公系统中，对中文字处理是基础内容和必备的技术要求。利用二级办公，即 WPS、WORD 等软件进行文字处理时，能够实现文字录入编辑、排版设置的美观与大方。此外，除了这些软件，单单就文字"域"方面，就给我们带来了惊人的便利，更何况还有一些新推出的功能。不得不承认，信息技术的应用彻底颠覆了传统办公的模式，信息处理自动化正以一种新的姿态不断走进人们的生活中。

（二）在办公智能化上的发展

随着当前科学技术的发展，智能化发展也是当前计算机信息处理技术应用发展的方向之一，经济的快速发展，我国大小企业不断涌现，行业的增多，使得各类办公业务也越来越繁杂。为更好地简化办公过程，提高办公效率，加强构建智能化办公平台也是成为办公自动化重要研究和发展方向。计算机技术人员通过建立相关服务平台，来完善办公流程，使得办公效率大大地提升，同时节省了办公成本，更好地保证办公质量。如针对不同企业、不同事业单位，都会有不同办公软件，所以企事业在选择办公软件时可以结合自身企业办公的实际情况，选择恰当的办公软件，以更好地实现办公智能化和智能管理化。总之，要加快实现办公自动化，就要加强当前计算机信息处理技术发展，加快信息传递、处理效率，进而提高办公效率，保证办公质量。所以，

作为计算机技术人员，担负着计算机信息处理技术开发研究的重任，要进一步研发高新技术，更好地为办公自动化提供技术保障。

（三）视频技术广泛应用

目前，信息技术的发展方向是视频技术，主要是通过计算机技术压缩数据，然后通过可视化技术进行处理，这种技术被广泛应用在了各行各业的日常办公中。除此之外，不同地方的人员也可以通过摄像头来开展视频会议，不同地方的人员可以无障碍地观察到各自的画面，还能够通过语言来表达自己对会议的看法，大大提高了工作的效率。随着无线网络的发展，未来的发展过程中无线视频技术会被广泛应用在办公自动化中，这样提高了企业的办公效率，极大减少了工作人员在交通中所需要的时间，使得工作人员随时随地都可以参加相关的会议，这种视频技术在未来是一种发展的趋势。

计算机信息技术发展的前景非常广阔，随着计算机软件硬件的不断完善与发展，计算机是人们生活中必不可少的物品，从根本上改变了人们的生活面貌。办公室自动化，为企业的发展以及企业的管理提供了强大的技术支持。计算机应用到物流行业中，节约了物流运输的时间，降低了物流成本。计算机在人们的休闲时间里也得到了广泛的应用，人们闲暇的时候会通过网络游戏来放松。总之，计算机是人们工作、生活的必需品，它随着经济的发展而发展，进步而进步。

第五节　信息化时代计算机网络安全防护

经济社会的发展推动了计算机网络技术的进步，在信息化时代的大背景下，计算机网络被广泛应用于日常生活与工作中，事业单位也已经大规模地采用计算机网络技术。为了保证事业单位计算机网络的安全，进行计算机网络安全防护技术的探讨极为必要。本节首先说明了信息化时代计算机网络安全的主要影响因素，然后分析了信息化时代计算机网络存在的主要安全问题，最后提出了信息化时代计算机网络安全维护的策略，希望可以为信息化时代计算机网络的安全防护提供有效参考。

事业单位在办公以及管理方面对计算机网络的大规模应用，有效提高了事业单位员工的工作效率，也为信息共享、信息保存等提供了诸多便利，但是任何事物都具有两面性，计算机网络的安全防护也成为事业单位急需解决的一个重难点。事业单位在工作过程中，会在电脑中保存大量的机密文件以及数据，一旦计算机网络出现安全问题，造成数据丢失或者泄露，将对事业单位的发展造成极其不利的影响，因此，事业单位要加强对计算机网络安全的管理与防护，充分发挥计算机网络的优势，最大限度地避免网络安全问题的发生。

一、信息化时代计算机网络安全的主要影响因素

（一）网络具有开放性

计算机网络的本质是指将不同地理位置的计算机以及计算机外部设备通过信息线路进行连接，在网络的协助下，实现网络信息资源的共享以及传递。因此，开放性是计算机网络的基本特性。作为一个开放平台，计算机网络对用户的使用限制较小，这虽然促进了计算机的发展、信息交流、拓宽了计算机网络的应用领域，但是也带来了一系列的问题，例如降低了信息的保密性，给一些恶意软件、病毒等可乘之机，导致计算机网络面临着较大的安全挑战。

（二）相关操作系统存在漏洞

目前事业单位使用的软件与硬件一般与普通用户相同，并没有经过专门的调整，但是事业单位计算机中的资料与数据与一般用户的资料、信息等保密性不同，普通操作系统中存在的一些安全问题会严重影响事业单位计算机的安全性能。此外，事业单位的计算机形成一个大的计算机网络，一旦一台计算机由于操作系统漏洞受到病毒等的侵入，很快就会传染事业单位所有的计算机。即使在计算机上安装了病毒查杀软件，一般软件不具有针对性，也只能在安全防护方面起到较小的作用。

（三）计算机网络硬件设备性能

研究计算机网络的安全防护首先要进行优化的就是计算机的硬件设备，计算机的硬件设备性能直接决定了计算机可以完成的工作，以及可以安装的软件类型与数量。但是目前事业单位使用的计算机硬件设备性能并不强，一般事业单位给员工配备的个人计算机是市面上较为普通的计算机类型，在运行内存、计算器、中央处理器等硬件设备上都不达标，不仅不能很好地完成日常工作，对计算机的安全性能也有着很大的影响。

二、信息化时代计算机网络存在的主要安全问题

（一）恶意软件的安装

市面上常见的计算机安全防护软件实际上对计算机病毒、黑客等恶意攻击的抵挡性较弱，面对稍微复杂的网络环境，这些软件就会失去其使用价值，给一些恶意软件留有侵入计算机的机会。恶意软件是指未经过用户允许而自行在计算机安装的软件或者携带侵入病毒的非正规软件，其中包含一部分的盗版软件。这些软件自身就是为了侵入计算机系统而存在的，虽然一些不会对计算机造成直接的伤害，但本身也是一种

漏洞，给计算机网络造成较大的安全威胁。此外，还有一部分软件则会直接对计算机环境造成破坏。

（二）网络运行维护水平有待提高

网络运行维护是影响网络安全性能的重要方面。虽然一些安全防护软件对计算机网络的防护效果有限，但是在计算机安装基础的防护软件也是必要的。网络运行维护要进行的主要工作就是确保网络安全防护软件的安装，并对网络安全进行实时监测。但是很多工作人员对网络运行维护不了解，可能会随手关闭一些网络安全防护软件，导致计算机不在安全防护软件的监测与防护范围之内，或者在网络安全防护软件提醒计算机网络安全受到威胁时直接将其忽视，导致计算机网络安全问题没能得到及时的处理而造成更大的损失。

（三）管理人员的网络安全意识不足

事业单位的网络安全管理意识明显不足。首先，事业单位缺乏专门的网络安全管理人员，工作人员各自负责自己计算机的安全；其次，工作人员对安全管理意识淡薄，单位不进行专门的计算机网络安全培训，工作人员也不重视计算机网络的安全性，只是进行平时基本的业务操作；再次，事业单位配备的计算机维修人员责任感不强，只在计算机出现故障时进行维修，而不注重计算机日常的安全维护；最后，事业单位缺乏针对性的计算机网络安全维护与使用规则，导致在计算机出现安全问题时也无法可依，无章可循。以上几方面都对事业单位计算机网络安全带来了较大的威胁。

（四）计算机网络运行中的非法操作

事业单位在日常使用计算机的过程中有许多不当操作，由于没有进行专业的培训也没有专门的规章制度进行约束，导致这些非法操作不能得到更正，而一直存在于事业单位使用计算机的过程中。例如，U盘在不同的计算机之间随便插拔，不仅造成了计算机网络的不稳定性，也会在不同计算机之间传播网络病毒。也有员工在非正规网站下载软件或者资源，导致计算机网络被病毒入侵而无法正常使用。因此，单位应该培养员工基本的安全操作规范，提高事业单位的网络安全意识与操作规范意识，避免内部人员由于人为因素造成计算机网络的安全问题。

三、信息化时代计算机网络安全维护的策略

（一）提升计算机系统的软硬件性能

面对计算机网络的开放性，事业单位能够进行的安全防护主要是提高软硬件的安全性能。在计算机硬件设备的选择上，首先要选择能够满足事业单位业务操作性能的硬件设备；其次，在成本控制的范围内尽可能提升计算机硬件设备的安全性，成本控

制也要合理，不能将成本预算压制在极低的范围内；最后要保证硬件配合的合理性，硬件设备在安全性能上相近，若只有某一个设备的安全性能极高，对计算机网络的安全防护也是没有意义的。在计算机软件的选择上，首先要注意在正规渠道进行软件的下载，不能下载盗版软件给计算机网络带来安全漏洞；其次要重视安全防护软件的选择，保证安全防护软件能够达到事业单位需要的标准，例如防火墙设置，一些基础杀毒软件的安装都是必不可少的；最后软件的安装要与计算机硬件设备相配合，在硬件设备配置较低的计算机上安装极为高级的安全防护软件也是不能充分发挥软件作用的。

（二）制定严格的操作规范流程

计算机使用的人数固定，以及每台计算机的用途相对单一，在事业单位内部计算机的用途也只分为几个大类，因此事业单位计算机操作规范流程的制定是相对容易的。主要针对以下几个方面进行操作规范流程的制定。第一，不得在计算机上随意进行软件的下载，要保证下载软件的安全性；第二，一些没有经过安全检测的 U 盘等设备不得接入单位计算机插口；第三，定期对计算机进行安全检测，争取及时发现计算机的安全问题，降低计算机的损失；第四，信息调取时保证计算机处于安全与稳定的环境中，信息保存要进行备份，避免重要数据的丢失。将以上操作规范落到实处，可以为计算机提供有效的安全防护。

（三）定期进行网络安全检查

计算机网络的变化性很强，更新也很快，定期地进行网络安全检查必不可少。首先要定期检查网络是否存在安全隐患以及是否存在明显的安全漏洞，如果存在要及时地找专业人员进行维护与处理；其次，定期检查病毒查杀软件的更新情况，保证及时地安装最新版病毒查杀软件；最后，确保事业单位信息加密的先进性，严格限制数据访问者的身份。

（四）加强事业单位内部网络安全教育

计算机网络安全的威胁一部分是由于外部因素，另一部分来自内部因素，加强事业单位内部网络安全教育必不可少。定期开展计算机网络安全培训，提高内部人员对计算机网络安全的重视程度，加强工作人员的计算机网络安全意识，让工作人员对计算机网络安全有一个基本的认识。事业单位内部网络安全教育一方面能够提高工作人员对计算机安全问题的警惕性，另一方面也能够加强工作人员对计算机安全防护的主动性，是避免计算机网络安全问题的重要手段。

计算机网络是一个复杂的系统，其既具有强大的功能，也具有许多的安全隐患，任何对计算机网络加以运用的单位都不能忽视计算机网络安全的防护与管理，在计算机网络引进之前一定要充分考虑计算机的硬件与软件配置等问题，为计算机网络的安全防护奠定基础，在后续使用过程中也要加强管理，定期进行安全检测，依据事业单位的具体需要配置计算机安全防护的软硬件，制定具有针对性的操作规范，充分发挥计算机网络的作用，为事业单位的发展提供助力。

第六节　计算机科学与技术的发展与信息化

随着计算机科学与技术的不断发展，各行各业对计算机技术的运用也越来越广泛，对于计算机的依赖也越来越大。计算机技术的不断发展，有效推动了我国的信息化进程，提高了各企业的经营效率。信息化的普及应用有效推动了计算机科学与技术的发展。本节对计算机科学与技术的发展与信息化的联系进行探讨并提出一些合理化建议。

目前，我国计算机科学与技术的发展已经到了一定的高度，并且取得了十分重要的成就。计算机科学与技术的发展推动了我国社会经济的发展，对我国的经济发展做出了重大贡献。同时，计算机科学与技术的发展也推动了各行业信息化的进程，推动了相关企业经营效率的提高，对于教育行业的进步起到了重要的作用。加强对计算机科学与技术的发展与信息化联系的研究，可以帮助计算机科学与技术的发展与信息化进步达到一种平衡，推动两者之间的发展更加合理化。

一、计算机科学与技术的发展目前存在的问题

计算机科学与技术的发展总体上对于我国的经济发展是具有十分重要的推动作用的，计算机科学与技术的进步带动了各行各业的快速发展。但是，相应地也有一些问题产生，比如人才的培养跟不上时代的发展速度、软件行业竞争激烈导致产品更迭加快、企业之间紧密联系风险加大等，这些问题都是计算机科学与技术发展中的重要问题。为更好地研究计算机科学与技术的发展与信息化之间的联系，下面对目前计算机科学与技术的发展存在的几个问题进行简单探讨。

（一）人才的培养跟不上计算机科学技术的发展速度

计算机科学技术的发展需要人才，信息化的发展同样也需要人才。在计算机科学技术不断发展的浪潮下，人才的跟进是十分必要的。但是由于近几年计算机科学技术的发展速度过快，教育对相关人才的培养无法赶上计算机技术的发展进步，导致专业人才跟不上社会发展的需要，企业还需要对员工进行再教育。既浪费了企业的人力资源成本，又降低了企业的经营效率。因而，人才的培养跟不上计算机科学技术发展的速度是目前的突出问题。

（二）软件行业竞争激烈

计算机科学技术的发展以及信息化的普及，使得各企业对信息化的需求逐步加大。

相应的软件行业也竞相发展起来，导致信息化行业竞争激烈，产品的更新迭代加快，浪费了大量的人力、物力、财力资源，且带来的价值却无法弥补消耗。软件行业的激烈竞争为计算机技术发展带来动力的同时，也带来了一定的资源浪费。

（三）行业之间联系紧密、风险加大

随着行业之间的联系愈加紧密，对应的风险也就不断加大，比如 2008 年的金融危机，牵一发而动全身。这也是科技发展与信息化发展带来的重要问题，需要在这方面加强研究，推动相关有效措施的实施。

二、计算机科学与技术的发展与信息化的联系研究

（一）计算机科学与技术的发展推动了信息化的不断发展

计算机科学与技术的发展，推动了企业的发展进步。企业为跟上时代的发展步伐，顺应计算机科学技术发展趋势，推动企业的经营效益的提高，从而在信息化的采用上花费成本。可以说计算机科学与技术的发展推动了信息化的不断发展。

（二）信息化的发展推动计算机科学与技术的不断发展与进步

各行各业对信息化的不断利用，导致了企业对经营效益的要求越来越高，对生产效率、经营管理的要求不断增强，对信息化要求的高度越来越高。为顺应时代发展进步的不同需要，相应的计算机技术也需要不断地发展以满足各行业的信息化需求。

（三）计算机科学与技术的发展与信息化相辅相成、相互促进

计算机科学与技术的发展与信息化之间总体而言是相辅相成、相互促进的关系，计算机科学与技术的发展推动了信息化的发展，信息化的普及应用也有助于计算机科学技术的发展进步，从而更好地为社会发展服务。

三、计算机科学与技术的发展推动信息化发展的策略

（一）加强对计算机科学与技术的专业性、实践型人才培养

计算机科学与技术的发展需要大量的人才推动。为满足现在的计算机人才需求，相关教育行业需要加大对计算机科学与技术的人才的培养力度，突破理论上培养的局限性，更多地进行实践培养，锻炼人才的实践技能，可以进行校企合作，推动计算机科学与技术的人才的培养。

（二）推动软件行业进行有序竞争

软件行业的激烈竞争会导致资源的浪费，还会导致市场竞争无序状态的发生，对于经济的发展会形成一种阻碍。因而，相关部门应当建立相关的制度，来约束信息化

行业的竞争，推动信息化行业竞争的合理化、有序化。要对软件行业的某些商业行为进行监管，推动流程的程序化、规范化。

（三）加强互联网技术的安全防范

互联网的安全问题对各个国家、各企业都至关重要。计算机科学与技术的发展，推动了世界经济的互联互通和各单位、企业之间的紧密联系。因而，在计算机科学与技术的发展进程中，不断加强互联网技术的安全防范，加强对网络的安全管理，如出台相关的网络安全监管政策、各企业安装网络安全程序等，从而在一定程度上保护信息安全。

计算机科学与技术的发展与信息化之间紧密相连，两者之间相互推动。计算机科学与技术的发展带动了信息化的发展，信息化的发展与普及又反过来推动计算机科学技术的发展。对目前计算机科学与技术的发展的一些问题的解决，可以更好地推动计算机科学技术的发展，并使得计算机科学技术更好地为人们服务，为世界经济发展服务，推动计算机科学与技术的发展与信息化的发展更加合理化。

第四章　计算机软件开发概述

第一节　计算机软件开发的基础架构原理

随着经济的发展和科学技术水平的提高，计算机技术在我国社会的各个领域得到了广泛的应用，并为社会的发展进步带来了积极的促进作用。然而，计算机技术的发展与计算机软件的开发息息相关，可以说，计算机软件为计算机技术的使用奠定了一定的基础。随着计算机技术的不断发展和普及，人们开始越发关注起计算机软件开发来。在计算机软件开发过程中，基础架构原理发挥着极为重要的作用，在基础架构原理理论方面研究的进步显然可以为计算机软件的开发带来积极的促进作用。本节围绕计算机软件开发的基础架构原理展开分析探讨，希望可以为丰富计算机软件开发的基础架构原理理论提供一定的借鉴思考，推动计算机软件开发工作的健康发展。

社会经济的发展为我国科学技术的发展提供一个可靠的物质发展基础，使得我国计算机软件技术得以迅速发展强大，并在我国社会的各个领域发挥重要作用，为我国社会发展进步做出了不小的贡献。而且，从世界范围来看，计算机技术的诞生时间较晚，而我国也及时抓住了发展计算机技术的机遇，我国的计算机软件技术水平基本上与其他国家相差无几。但是，从计算机软件技术的长远发展来看，只有不断提升计算机软件的设计水平，才能不断为计算机软件的开发注入新的发展活力。而单纯依靠技术上的进步来解决这一问题显然是不够的，立足于计算机软件开发的基础架构原理也是十分关键的一点，通过科学合理的计算机软件开发的基础结构原理，为计算机软件设计在效率和性能上的提升带来积极的促进作用。

一、计算机软件开发概述

（一）计算机软件开发的概念性解读

在计算机并未产生的早期，其实是没有计算软件开发这个概念的，但是，随着晶体管的不断发展以及集成电路的广泛应用，为计算机的诞生奠定了良好的基础。随着计算机技术的应用范围的增大，计算机软件这个概念逐渐被重视起来。当前计算机软件的开发主要分为两个方向，即一个是先开发后寻市场，一个是先分析市场需求再进行开发。

（二）计算机软件开发的特点

计算机软件开发主要具有两个特点，一个是持续性，一个是针对性。因为计算机软件自身具有的很大的提升空间，所以完美无缺的计算机软件是不存在的，这也是为什么计算机软件开发具有一定的持续性。适应市场的需求和满足企业发展的各项需求，是当前计算机软件开发的一般性主导因素。

二、计算机软件开发的基础架构原理分析

（一）基础架构的需求

在计算机软件开发的过程中，首先要做的且也是极为关键的一步工作便是根据软件本身的需求进行分析。受到企业经营项目、运营方式以及管理方式等因素的影响，用户在对计算机软件的设计需求上也会不尽相同。因此，在决定对一款计算机软件进行开发之前，做好充足的计算机软件设计需求分析工作十分有必要。只有掌握了用户在软件上的需求方向，设计主体才有可能提高计算机软件设计的针对性，使得软件在功能上可以更好地满足企业需求，同时可以适应市场发展的需要。可以说，在计算机软件开发过程中，基础架构的需求分析，对于计算机软件设计的方向以及成功与否具有直接的影响作用。

（二）基础架构的编写

在做好有关软件开发的需求方面的工作后，接下来要做的便是以最终决定的设计需求为依据，开展一系列的编写软件的工作。在当前使用的众多编程语言中，C语言的使用频率最高，这与其具有的突出的结构性、优秀的基础架构等特点密不可分，这些优越的特性，可以为设计主体在对后续的编程工作的处理上提供不少便利之处。而且，在软件实际编写过程中，是本着"分—总"的原则进行的，所谓"分"，即基于计算机软件的结构的特性，将整体的计算机编写工作划分为几个模块，每个团队专门负责一个模块的程序编写工作。在所有的模块编写工作完成后，最后要做的工作便是所谓的"总"，即最后通过总函数，将这些分散的模块编写连接成软件功能的整体。这种编程原则，不仅可以确保计算机软件开发的质量，还可以极大地提高计算机软件的编程工作效率，一举多得。

（三）基础架构的测试和维护

一般情况下，设计完成的计算机软件是不能立即投入使用的，因为最初开发的计算机软件与原本的目标要求还存在一定差距。如果不经过相应的处理，就将设计好的

计算机软件立即投入使用中，不仅会对计算机软件本身造成很大的损害，还可能会给企业带来不小的损失，因此对于软件的测试和维护工作也同样十分重要。在传统的测试方法中，一般是将几组确切的数据输入软件中，如果计算机软件得出的结果与预期已知的结果一致，那么计算机软件本身便没问题。但是，这种传统的测试方式存在一定的偶然性，因此，设计主体也设计了具有针对性的科学合理的测试计算机软件的专用软件，从而为计算机软件的正确性提供确切的保障。

随着社会的不断发展，对于计算机软件的各项功能也提出了更高的要求，为了紧跟时代发展潮流，同时为了更好地服务于人民的社会生活，计算机软件的应用范围也在不断拓宽，与此同时，人们对计算机软件开发相关的内容投入的关注度也在与日俱增。在计算机软件开发过程中，基础架构原理发挥着至关重要的作用，是直接影响开发出来的计算机软件的一个非常重要的因素，因此，现实社会中对计算机软件开发的基础架构原理的探索与研究具有深远意义。基于此，本节也对计算机软件开发的基础架构原理展开了积极的探讨，在整体把握计算机软件开发的相关概念的基础上，从基础结构的需求、编写以及测试和维护方面对计算机软件开发的基础架构原理展开了详细的分析，希望可以为计算机软件开发工作的进行带来一定的借鉴和参考作用。

第二节　计算机软件开发与数据库管理

当前，网络逐步渗入人们的生活，计算机软件技术已经应用在许多领域，在社会发展进步中发挥着重要作用。而计算机软件是系统运作的核心，数据库管理是它的内在支持，只有极大程度上发挥二者的有利作用，才能够促进计算机的进步。本节从介绍计算机软件开发入手，详细介绍计算机软件开发和数据库管理中存在的问题，提出了相应的解决措施，以期为当前计算机行业提供帮助。

随着经济的发展，人们的工作、学习、生活越来越离不开计算机。计算机软件开发就是为了解决人们生活中的问题，使人们生活更加便利，工作更有效率。数据库管理作为计算机的内在核心，其运行效率也影响计算机作用的发挥。所以为了更好地促进社会发展、为人们生活提供便利，必须高度重视计算机软件开发以及数据库管理工作。

一、关于计算机软件技术的开发与设计

（一）计算机软件技术的开发

计算机软件开发主要包括两个方面，即系统软件和应用软件。所谓系统软件其开

发主要是为计算机与用户使用界面等相关软件、解决某些实际问题，比如计算机的操作系统进行更新等进行的开发工作。通过开发工作进行任务的配置，从而增强对数据库管理系统、操作系统的管理。应用软件是在系统配备完成后进行分段检验，为用户的计算机设备提供更多操作性软件。另外，对于计算机软件，开发后要进行一定的评估，采用科学的手段，做好相关的质量把控工作，在试用无误后投入使用。

（二）计算机软件技术的设计

1.软件程序的设计与编写

计算机软件开发首先是进行软件设计，这也是整个过程最基本的环节，软件设计的水平直接影响软件的应用程度。软件设计环节通常包括功能设计、总体结构设计、模块设计等。在设计软件过程完成之后便要进行程序的编写。编写工作要依据完成的软件设计结果进行，这也是计算机软件开发过程中的重要环节。编码程序的顺利完成取决于科技水平、工作人员的专业水平等多种因素，其过程的完善有助于提高工作效率。

2.软件系统的测试

在编程工作完成后，不能立即投入运用，还需要对软件进行测试，将编写程序试用于部分用户，然后评定每个用户的满意度，然后整个软件设计完成。然而，这并不代表软件开发的彻底完成，投入的软件还需要根据市场客户情况不断升级更新，只有这样才能进一步保证软件的有效运行。

（三）计算机软件开发的真正价值

在软件开发过程中，计算机软件价值的实现要求以在计算机软件的开发期间已掌握的要求和问题为导向，将所需的分析问题放在开发软件的最前面，符合最初设计的需求。所以，对计算机软件开发来讲，首先进行准确无误的需求分析，能够满足大众需求，为广大用户提供服务。只有被广大人民群众认可的软件，才能实现其真正价值。而不符合需求的软件系统，即便科技人员研发出来也没有使用价值，并且浪费人力物力财力。此外，还必须尽可能确保软件开发过程中的专业化和流水线作业，确保其拥有足够的软件基础、硬件基础和技术支持，能够辅助开发者完成软件开发，为软件的开发项目提供一定的物质保证和技术条件，确保其财政方面的充足以及优良的外界环境，从而实现软件开发的使用价值，最大限度地体现出软件开发的效益。而数据库管理作为软件开发的核心环节，只有开发出的软件有价值，数据库的管理才能实现其价值。

二、关于数据库的管理

随着科技应用的普遍化，用户对软件系统的需求也不断提高，这便体现软件的创新。当前软件的产品以满足客户的需求为导向，市场品种不断增多，已经从原来的单层结构走向多层次发展。但是，产品增多的同时用户也对软件系统的存储安全分析等提出了更高的要求，因此，数据库系统的成功建立为计算机的安全提供了保障。

（一）数据库管理的概念及应用技术

数据库管理是计算机系统中一个重要部分，数据库管理主要是指在数据库运行过程中，确保其正常运行。它的内容主要包括：第一，数据库可以对各部分数据进行重新构建、调试，并且根据总系统服务中心所要求的内容重新归类，并按照其属性重新整合数据，还可以将它们打乱，进行数据重组。第二，数据库可以识别数据的正确性，并根据错误数据查找原因，并及时做出修正，还可以将信息进行汇总，将容易出现问题的部分进行备份。第三，数据库的综合性能很强，它可以以企业或者部门为选择的单位，然后以其数据为中心形成数据组织。以数据模型为主要形式，除了可以描述数据本身的特性之外，还可以科学描述数据之间的联系。第四，由于不同的用户有不同的处理要求，数据库能够根据用户所需从中选取需要的数据，从而避免数据的重复存储，也便于维护数据的一致性。总之数据库统一的管理方式，不仅提高了工作效率，也保证了数据的安全可靠。

（二）计算机软件开发中数据库管理存在的问题

数据库管理对于计算机软件开发的重要性不言而喻。但是数据库管理并不是十全十美的，其运行过程中也会产生相应的问题。一般而言，计算机软件开发中数据库管理存在的问题有以下几个方面：首先，管理人员操作不当。在软件开发中有些管理人员自身专业知识欠缺，又急于求成，数据难免出现问题。开发过程中，有些数据库管理人员不能严格遵循操作规程和数据库方法，会造成不同程度的数据安全以及泄漏问题，影响数据库的正常稳定运行。其次，操作系统中存在的问题。在系统操作过程中，其本身就存在一些风险来源，比如，用户的不当操作，可能会造成计算机感染大量的病毒，造成木马程序的入侵，如果在操作过程中，这些病毒一起发作就会直接影响数据库的运行，再加上一些别有用心人的访问，影响了数据库信息的安全，造成了一些重要信息的外泄。最后，数据库系统出现问题。其在一定程度上阻碍了计算机系统的正常工作。比如，网络信息安全的问题，其问题原因是数据库管理不当。

（三）解决计算机软件开发中数据库管理问题的对策

针对数据库管理产生的问题，必须做好数据库的安全管理工作。网络应用逐渐普及的同时也产生了一些负面影响，社会上一些不法分子为谋取暴利，利用掌握的网络技术，窃取用户重要信息，给用户造成经济损失等事件频繁发生，加强数据安全工作势在必行。首先，用户可使用加密技术，加强对重要信息的加密处理工作，充分保护数据。同时要做好数据库信息可靠性和安全性的维护工作，在加强人们数据安全意识教育的同时，社会努力做好数据的安全维护，对重要的数据库信息进行定时的备份，以免数据丢失或者出现故障，对用户造成损失。其次，要进一步加强管理访问权。在访问权方面，需要高度重视储存内容的访问权限问题。要想对用户实现实时动态的管理，后台管理员必须做到能够随时调动访问权限。最后，要采取各种防护手段来保证系统的安全性，还要保证系统的维护管理保持在一个较高的水平。数据库的数据整合能力以及维护能力直接决定了维护水平的高低。从技术层面，尽可能配备先进的具备较高安全性的防护系统。从人员上，必须配备具备较高技术水平的数据库管理和维护人员。

综上所述，针对计算机软件技术在社会发展中的重大作用，我们必须做好计算机软件技术的开发与设计，体现我国科技发展的优越性，进一步促进计算机软件技术的发展，为我国科技进步做出贡献。

第三节　编程语言对计算机软件开发的影响

科技进步带动了计算机发展的步伐，随着计算机的普及，软件开发的与时俱进推动了编程语言种类的多元发展。软件开发人员在选择编程语言时，需围绕内外部环境结合、结合行业特征、结合整体结构特征等原则，确保编程语言的优势、软件开发人员的技术专业性得以充分发挥，在提升软件开发效率的同时，确保计算机软件性能优良，从而提高市场占有率。

编程语言在计算机软件开发中起着关键作用，不同的编程语言优势不同，适用范围也存在局限性，其属性语言种类等直接决定计算机软件开发效率与产品品质。为减少各种编程语言对计算机软件开发的负面影响，开发技术人员必须深入了解各编程语言在软件开发中的作用与适用范围，并针对性应用，实现计算机软件产品质的飞跃。

一、编程语言在计算机软件开发中的应用原则

（一）综合内外部环境

开发计算机应用软件时应注重外部硬件设施，确保软件开发的物质基础。程序编制语言选择尤为关键，充分考虑整体结构、环境要求、编程语言特点合力应用。并围绕行业、领域特征，以及工作要求选择编程语言，确保其匹配优良程度，减少硬件更换对软件应用的影响。为扩大软件的实用性，需围绕环境要求、时代发展对软件开发要求等选择语言。

（二）综合应用领域及行业特点

围绕软件应用的领域或行业特征选择编程语言，C 语言、C++ 语言适用于简单软件编写，Java 语言、Pascal 语言适用于复杂软件编写，如通信领域适用于 C++ 语言编写，商业领域适应于 Java 语言、Prolog 语言等编写，尽量减少编程语言对不同领域行业软件应用的负面影响。

（三）综合整体结构特征

围绕项目目标编程语言编写软件，整体结构对各类编程语言的转换便携限制度不同，可围绕软件功能合理编写。综合分析信号处理、图像处理等确保软件编写为静态语言。

（四）根据个人专长选择

编程语言角度众多，且优势不同，为确保软件开发、后期维护效率，尽量选择符合个人专长的语言设计软件，节省工作量、精力的同时，可对开发周期、完成时间明确预算。软件编写中可根据以往经验规避漏洞隐患，提高软件应用的稳定性与安全程度。

二、编程语言对计算机软件开发的影响

（一）C 语言影响

C 语言是最早软件开发设计的编程语言，程序员普遍对 C 语言了解。但随着软件开发要求的增加，目前 C 语言编写的软件微乎其微，与 C 语言局限性影响有关。C 语言是一种面向过程的程序设计的编程语言，利用其编写软件，需细分算法设计环节的事件步骤，计算机软件功能越发烦琐，软件功能实现就会面临着复杂的语言编写功能，在加之事件步骤细分，工程量庞大，开发难度直接扩大。

（二）C++ 语言影响

C++ 语言比 C 语言适用范围广，软件功能实现的程序编写过程更加简化。但是在现代化的计算机软件开发中，C++ 语言也具有与 C 语言一般的影响，介于计算机软件开发花费的时间长，通常由多人协作完成，模块化程序间的联系程度、兼容性，直接决定了软件开发的效率与质量。

（三）Java 语言影响

Java 语言编写软件程序比 C 语言、C++ 语言更加简捷，软件功能实现效果相对理想，但 Java 语言在软件开发中也存在局限性。Java 语言可轻松制作基础图形渲染效果，但高级图形渲染制作实现效果不理想。同时计算机部分软件、Java 语言间存在冲突，基于此利用 Java 语言编写软件程序，难免会对软件开发产生不同程序的负面影响。

（四）Basic 影响

当前的 Basic 语言已经不是主流，掌握 Basic 语言的人数逐渐下降。但 Basic 版本在不断拓展，如 Pure Basic、Power Basic 等，且 Basic 语言在各应用行业、领域的作用不可忽视，如 Symbian 平台的应用等，Basic 语言对计算机软件开发的影响虽然逐渐减少，Basic 语言制作的软件并不多，但计算机软件对 Basic 语言的应用需求从未降低。

（五）Pascal 影响

纯 Pascal 语言编写的软件微乎其微，应用范围越发狭窄。如 Pascal 编写的苹果操作系统，但已经逐渐被基于 Mac OS X 的面向对象的开发平台的 Objective-C、Java 语言代替。Delphi 在国内电子政府方面操作系统有着广泛应用，如短信收发、机场监控等系统。最大的影响是轻松描述数据结构、算法，同时培养独特的设计风格。

应用于计算机软件开发的编程语言种类多样，不同编程语言对计算机软件开发的影响主要体现在对软件整体规划、软件开发者专业技能、软件开发平台适用、用户使用软件兼容性等方面的影响，在选择语言时需注意整体内外环境、应用的行业及领域等方面问题，确保软件的实用性。

第四节　计算机软件开发中软件质量的影响因素

随着社会经济的飞速发展，计算机软件在诸多行业领域得到广泛推广，人们对计算机软件的运行速度、实用性等也提出了越来越高的要求。文章通过分析计算机软件开发中软件质量的影响因素，对计算机软件开发中软件质量影响因素的应对提出"加大计算机软件开发管理力度""严格排查计算机软件代码问题""提高软件开发人员的专业素质"等策略，旨在为研究如何促进计算机软件开发的有序开展提供一些思路。

计算机已经进入人类生产生活的各个领域，计算机软件作为人与硬件之间的连接枢纽，同样随着计算机进入人类生产生活的方方面面。计算机软件的发展历程，某种程度上即为信息产业的发展历程。计算机软件的不断发展，提高了社会生产力，改善了人们的生活水平，增强了现代社会的竞争。在计算机软件开发过程中，务必要充分掌握影响软件开发质量的因素，并结合各项因素采取有效的应对策略，真正提高计算机软件开发质量。

一、计算机软件开发中软件质量的影响因素

现阶段，计算机软件开发中软件质量的影响因素，主要包括：

（一）计算机软件开发人员缺乏对用户实际需求的有效认识，使得软件质量受到影响

确保计算机软件开发质量，首先要充分掌握用户对计算机软件的实际需求，不然便会使计算机软件质量遭受影响，进而难以满足用户对软件提出的使用需求。出现这一情况的主要原因在于，在计算机软件最初开发阶段，开发人员未与计算机软件用户进行有效交流沟通。因而唯有于此环节提高重视，并在计算机软件开发期间及时有效调试计算机软件，方可切实满足用户在软件质量上的需求。

（二）计算机软件开发规范不合理

计算机软件开发是一项复杂的系统工程，而在实际软件开发过程中，却存在诸多情况没有依据相关规范进行开发，使得原本需要投入大量时间才能完成的开发工作却仅用小部分时间便完成了，使得计算机软件开发质量难以得到有效保证。

（三）计算机软件开发人员专业素质不足

计算机软件开发质量受软件开发人员专业素质的影响很大。相关调查统计显示，软件开发行业存在较大的人员流动性，该种人员流动势必会使得软件开发受阻，对软件质量造成不利影响。虽然在软件开发人员离开岗位后可迅速找到候补人员，但要想其融入软件开发团队必须要花费一定时间，由此便为软件开发造成进一步影响。此外，软件开发人员还应当具备较高的专业素质。伴随计算机软件行业的不断发展，从业人员不断增多，然而整体开发人员专业素质还有待提高。

二、计算机软件开发中软件质量影响因素的应对策略

（一）加大计算机软件开发管理力度

在计算机软件开发前，明确及全面分析用户实际需求至关重要。软件开发人员应当从不同方面、不同角度与用户开展沟通交流，依托与用户的有效交流可了解到用户的切实需求，进而在软件开发初期便实现对用户需求的有效掌握，为软件开发奠定良好基础。在计算机软件开发过程中，倘若出现因为开发前期沟通不全面或后期用户需求发生转变等情况，则应当借助止损机制、缺陷管理对软件开发工序、内容等进行调整。除此之外，对用户需求开展分析，按照需求的差异，可做不同分类，进而逐一满足、逐一修改。真正意义上实现对用户需求的有效分析，结合用户需求建立配套方案，并且要提高根据用户需求转变而进行实时动态调整方案的能力，如此方可为计算机软件开发提供可靠的质量保障。

（二）严格排查计算机软件代码问题

在通常情况下，计算机软件引发质量问题后，往往与软件代码存在极大的关联，

因而要想保证计算机软件开发质量，就应当提高对代码问题处理的有效重视，由此要求软件开发人员在日常工作中应当严格对计算机软件代码进行排查，并提高自身的有效意识，进而在保证软件代码正确的基础上进行后面的开发工序，切实保证计算机软件开发的质量。通过对软件代码问题的严格排查，软件开发人员找出代码问题、确保软件质量的同时，还有助于软件开发人员形成严谨的思维方式，养成良好的工作习惯，提高对技术模块内涵的有效认识，提高计算机软件开发质量、效率。

（三）提高软件开发人员的专业素质

高素质的开发团队可确保开发出高质量的产品，同时可确保企业的效益及企业的形象。所以，软件开发人员务必要提高思想认识，加强对行业前沿知识、领先经验的有效学习，对自身现有的各项知识、工具予以有效创新，保持良好的工作态度，全身心投入计算机软件开发中，为企业创造效益。对于企业而言，同样确保软件开发人员的薪酬待遇，确保他们的相关需求得到有效的满足，并不断对软件开发人员开展全面系统的培训教育，如此方可把握住人才，发展人才，方可推动企业的不断发展。

总而言之，在计算机软件实际开发中，软件质量受诸多因素影响，为应对这些影响因素，要求企业与软件开发人员共同努力。不论是计算机软件开发企业还是计算机软件开发人员均应当不断更新自身思想理念，加强对计算机软件开发中软件质量影响因素的深入分析，加大计算机软件开发管理力度，严格排查计算机软件代码问题，提高软件开发人员的专业素质，积极促进计算机软件开发的顺利进行。

第五节　计算机软件开发信息管理系统的实现方式

以下对计算机软件开发信息管理系统的设计要点进行分析，在此基础上对计算机软件开发信息管理系统的实现方式进行论述。期望通过本节的研究能够对计算机软件开发信息管理水平的提升有所帮助。

一、计算机软件开发信息管理系统的设计要点

在计算机软件开发信息管理系统（以下简称本系统）的设计中，相关模块的设计是重点，具体包括如下模块：信息显示与查询、业务需求信息管理、技术需求信息管理以及相关信息管理。下面分别对上述模块的设计进行分析。

（一）信息显示与查询模块的设计

该模块的主要功能是将本系统中所有的软件开发信息全部显示在同一个界面，界面的信息列表中包含了如下公共字段：信息标号、名称、种类等，对列表的显示方法

有以下两种，一种是平级显示，另一种是多层显示。

1. 平级显示

该显示模式能够将本系统中所有的软件开发信息集中显示在同一个列表当中。

2. 多层显示

这种显示模式能够展现出本系统中所有信息主与子的树状关系，并以根节点作为起步点，对本系统中含有的信息进行逐级显示。

上述两种显示模式除了能够相互切换之外，还能通过同一个查询面板进行查询，并按照面板中设置的字段，查询到相应的结果。除此之外，在第一种显示模式的查询中，有一个需求信息的显示选项，用户可以按照自己的实际需要进行设置，如只显示技术需求或只显示业务需求，该功能的加入可以帮助用户对本系统更为方便地使用。对软件开发信息的查询则可分为两种方式，一种是基本，另一种是高级。前者可通过关键字对软件开发信息进行查询，后者则可通过多个字段的约束条件完成对软件开发信息的查询。

（二）业务需求信息管理模块的设计

这是本系统中较为重要的一个模块，具体可将其分为以下几个部分：

1. 基本信息

该部分为业务需求的基本属性，如名称、ID、所属、负责人、设计者等。

2. 工作量

该部分除了包括预计和完成的工作量的计算之外，还包含各类工作量的具体分配情况。

3. 附件

该部分是与业务需求有关的信息，如文档、图片等，用户可对附件进行上传和下载操作，列表中需要对附件的描述进行显示，具体包括上传时间、状态等信息。

4. 日志

自信息创建以后，对它的每次改动都是一条日志，在相关列表当中，可显示出业务需求的全部更改日志，其中包含如下信息：日志的 ID、更改时间、操作者等。

对于同一个项目而言，业务需求是按照优先级进行排序的，业务需求的优先级越高，排列得就越靠前，反之则越靠后，对优先级的排序值，会记录到技术需求上。系统以平级显示业务需求时，可同时选择多个，并对其进行批量修改，提高了用户的编辑效率，这是该模块最为突出的特点。

（三）技术需求信息管理模块的设计

该模块与业务需求信息管理模块都是本系统的重要组成部分，大体上可将之分为以下几个部分：

1. 基本信息

与业务需求信息类似，该部分是技术需求的基本属性，如名称、ID、开发者、开发周期、预计与实际工作量等。

2. 匹配业务需求

该部分具体是指技术需求所配备的业务需求，在列表中包括以下几个字段：匹配的名称、ID、项目和优先级。

3. 附件与日志

这两个部分的内容与业务需求信息相同，在此不进行复述。

（四）相关信息管理模块的设计

相关信息主要包括版本信息、产品及其领域、项目信息。版本信息包括如下内容：名称、起止时间、开发周期等。在该管理模块中，设置版本的相关信息后，本系统会自行将该版本的开发时间按周期长度进行具体划分，并在完成维护后，技术需求开发周期下的菜单会将该版本的开发周期作为候选的内容；项目信息中含有一个工作量字段，其下全部信息的工作量之和不得大于分配的工作量。

二、计算机软件开发信息管理系统的实现方式

上文对本系统中的关键模块进行了设计，下面重点对这些模块的实现方式进行论述。

（一）系统关键模块的实现

1. 显示与查询模块的实现方法

本系统中所包含的信息类型有以下几种：业务需求、技术需求、项目、产品及其领域、发布版本，上述几种信息的关系为主与子。本系统中信息的显示方式有两种，即平级和多层。在平级显示模式中，用户能够利用 ID Path 列找到信息在主子关系树中的路径，当用户点击 Show Ghildren 后，可对所选信息的自信息进行查看。平级与多层显示之间能够相互切换，当显示界面为平级时，单击 Hierarchical，便可将显示模式切换至多层，如果想切换回来，只需要单击 Plat List 即可。在本系统中信息的查询分为两种形式，一种是基本查询，另一种是高级查询，前者的查询方法如下：下拉菜单 Show，此时会显示出可供选择的项目，如 Show all、Show requirement 以及 Show work package。当用户需要进行高级查询时，可在基本查询面板中单击 Advance 链接，查询过程中用户只需要输入多个字段，便可对系统中的信息进行查询。

2. 业务需求信息模块的实现方式

由上文可知，该模块分为四个部分，即基本信息、工作量、附件和日志。在基本信息中，ID 为必填项，新建的业务需求在保存后，系统会对其进行自动填写，业务需

求的创建人及信息的创建时间等内容，这部分内容不可以直接进行修改；可将附件视作为与业务需求相对应的技术文档，用户在附件管理界面中，可填入相关的信息，如附件状态、完成时间等，然后点击附件列表中的链接，便可对附件进行下载操作。若是需要对附件链接进行修改，用户只要选择列表中的一条记录，并在下方的文本框内输入便可完成对附件链接的修改。对业务需求信息进行修改后，系统会自行生成一条与之相关的日志。

3. 技术需求信息模块的实现方式

该模块中基本信息、附件、日志等业务的实现过程基本与业务需求信息模块的实现过程类似，在此不进行重复介绍。与业务需求相比，技术需求多了一个匹配部分，用户可在该部分中直接添加所匹配的业务需求，即同个领域或同个项目。该模块的优先级信息将会自动从匹配的业务需求中获取。

4. 相关信息模块的实现方式

（1）版本信息管理的实现。用户可在该界面中，对如下内容进行设置：版本开发周期长度、开发起止日期。当用户单击 Auto-fill Talk 按钮后，系统会按照用户预先设定好的内容，对版本开发时间进行自动划分。同时用户也可手动对开发周期进行添加或删除。

（2）产品及其领域信息管理。可将产品领域设定为子领域，并在对技术需求信息进行管理时，将领域信息作为候选对象。

（3）项目信息管理。可填入带有具体单位的工作量，如每人 / 每天，并以此作为项目的大小，设置完毕后，该项目下所有任务的工作量之和，不可以超过项目的总工作量。

（二）系统测试

为对本系统进行测试，将之运用到助力企业发展产品中，作为该产品的一个扩展模块。本系统的测试工作在集成测试完成后，根据设计需求，对系统进行相应测试，主要目的是通过测试检查程序中存在的错误，分析原因，加以改进，借此提升系统的可靠性。具体的测试如下：

1. 功能测试

功能测试只针对系统的功能。测试过程中不考虑软件的结构和代码，测试过程以界面及架构作为立足点，根据系统的设计需求，对测试用例进行编写，对某种产品的特性及可操作性进行测试，确定其是否与要求相符。

2. 性能测试

性能测试的主要目的是验证软件系统是否符合用户提出的使用要求，并通过测试找出软件中存在的不足，同时找出可扩展点，对系统进行优化改进。

3.安全测试

具体是指在对系统进行测试的过程中，检查其对非法入侵的防范能力。

由测试结果可知，本系统的兼容性、易用性和可扩展性基本符合要求；系统操作简单、使用方便，可对软件信息进行有效的管理，本系统的设计达到了预定的目标。

第六节　基于多领域应用的计算机软件开发

随着现代社会经济发展水平的提升，社会科学技术实现综合性拓展，一方面，数字化系统逐步研发，依托计算机数据平台建立的大数据处理结构得到拓展；另一方面，数字化应用范围逐步扩大，在社会医疗、建筑等方面的应用领域更加广阔，实现了社会资源综合探索。

一、计算机软件开发实践研究的意义

计算机软件开发是社会资源综合拓展的重要需求，对计算机软件开发实践分析，有助于在计算机系统实践中，弥补系统开发的不足，推动大数据网络平台的资源应用、管理结构更加完善，也是推进现代社会发展动力的主要渠道；从社会资源管理角度分析，计算机软件开发为社会发展带来间接的财富，对计算机软件开发实践进行研究，也是社会资源积累的有效途径。

二、计算机软件开发实践的核心

计算机软件开发实践的核心是计算机系统网络完善的过程。一方面，计算机软件开发实践中，计算机资源系统各个部分更加完善，例如，计算机软件在现代室内设计中CAD技术的应用，软件开发将二维平面图形，通过计算机虚拟平台，建立三维空间图，CAD软件可以随着室内设计的需求，对室内设计数据、高度、方向进行灵活调整，系统自动进行新设计信息的智能化存储，满足了现代社会室内设计结构调整的需求，实现了现代计算机系统开发资源各部分的多样性开发；另一方面，计算机软件开发实践核心，是计算机软件开发系统随着社会发展进行软件更新，满足现代社会发展需求，例如，计算机软件在现代企业内部管理中的应用，人力资源系统，绩效考核能够依据人力资源数据库中的信息，实现人才绩效考核信息的及时更新，为企业人才管理提供权威的信息管理需求。基于以上对计算机软件开发实践的分析，将计算机软件开发实践核心概括为实用性和创新性两方面，现代计算机系统开发，正是在基于这两点要求的基础上，实现计算机软件多领域应用。

三、基于多领域应用的计算机软件开发实践探析

现代计算机软件不仅保留了计算机系统中的程序计算流程，同时借助云数据虚拟平台，建立其财务运算结构，这种智能化计算机系统，将企业内部控制信息综合为一个管理系统中，企业财务管理不仅可以对内部生产、经营、销售等经济运行情况进行实况分析，同时系统集合企业固定资产、流动资产、股票、债资本周期循环的相关信息，进行综合管理。新型计算机财务控制软件开发，为现代企业内部控制、财务管理带来更加系统的经济管理需求。例如，某企业应用新型财务管理软件制定内部控制的主要措施，系统依据该企业经济发展情况，为企业制订完善的经济投资规划，并做好企业金融运行风险对策，为现代企业发展带来更加稳妥的经济发展保障；计算机软件开发在现代企管发展中的应用，也是企业人力资源管理的主要形式。现代企业的人才需求逐步向着多元化方向发展，传统的人力资源管理已经无法满足企业人才培养系统性、多样性的管理需求，新型计算机系统依据企业人才需求，形成独特人才培养计划，同时配合现代企业绩效考核，及时进行企业人才需求的调整，实施科学公平的人力资源管理，实现了企业人才个人价值与企业发展相适应，为现代企业发展、内部资源综合配置提供人才供应保障。

（一）现代互联网平台的应用

计算机软件开发，在推动社会经济发展中发挥着重要作用，现代计算机软件开发，也在现代互联网平台的自身发展中带来更加广阔的探索空间。最常见的计算机软件开发实践为多种手机客户端，计算机软件将巨大的网络运行拆分为多个单一的、小规模的运行系统，用户可以依据需求进行系统更新，保障了计算机软件应用范围扩大，软件系统的应用选择空间增多，例如，淘宝、携程手机客户端等形式，都是计算机系统自动化开发的直接体现；另一方面，计算机系统软件开发与更新，也体现在互联网平台内部管理系统逐步优化，传统的计算机系统安装主要依靠外部驱动系统进行系统开发，计算机系统无法进行自动更新，现代软件开发中在系统程序中安装自动检验命令，当计算机系统检验发现新系统，自动执行性更新命令，保障计算机系统可以实施系统自动更新。计算机软件系统开发，推进现代计算机各部分结构直接更新，适应现代社会计算机实际软件应用的需求。

（二）医疗技术的开发

计算机软件开发，为社会信息存储和应用提供了更加灵活的应用平台，在现代医疗卫生领域的应用最为明显。医疗卫生事业的信息总量大，同时信息资源保留时间具有不确定性的特征，现代计算机软件开发信息管理，实现了信息资源存储短时记忆和长期记忆两种形式短时记忆的信息存储时间设定为 5 年，即如果病人到医院就诊，完

成一次病人信息数据输送，医院信息存储的数据系统自动保存 5 年。而长期信息记忆，是针对医疗中特殊案例，需要长期进行资料保存，医护工作者将这一部分信息转换为长期存储，计算机软件将这部分信息上传到云空间中，达到对医疗信息的长期存储，为现代医疗信息存储带来了有力的保障。另外，计算机系统开发在医疗事业中的应用，在于现代医疗技术中的综合应用，例如，磁共振，加强磁共振等技术的应用，依据计算机系统软件开发的进一步实践，带来了诊断准确性的大大提高。

（三）城市规划技术的发展

计算机软件开发，是现代社会发展的技术新动力，为现代社会整体规划带来全面的指导。计算机软件开发在现代城市规划中的应用，使现代计算机新技术应用范围更广泛。计算机系统中的城市开发规划，应用计算机系统建立城市规划设计平面图，实现了现代城市规划中道路、建筑、桥梁及河道等多方面设计之间的综合规划。计算机软件建立的虚拟模型，可以保障计算机系统在城市整体发展中的应用，合理调节城市规划中各部分所占的比重，为现代城市建设提供了全面性、系统性保障，从而合理优化现代城市系统资源的综合应用。另外，计算机软件开发系统在现代城市规划中的应用，体现在计算机软件开发在城市建筑中的融合，例如，现代城市建筑中应用 BIM 技术实行建筑系统的整体优化，BIM 技术可以实现系统资源综合应用，设计师可以通过建筑模型，分析建筑工程开展中的建筑结构，保障城市建筑结构体系具有更可靠的建筑施工模型。计算机软件开发在现代城市规划中的应用，可以将平面设计模型转化为立体建筑模型，为城市建设结构优化发展带来技术保障。

（四）室内设计的应用

计算机软件开发的室内设计软件，主要对 CAD 和 PS 处理系统等方面的计算机系统进行综合开发，可以进行室内设计的空间模拟规划，同时 CAD 和 PS 软件都可以实现室内设计图的逐步扩大，可以使室内设计得到精细化处理，实现现代室内设计结构的优化，保障室内设计空间规划紧凑性和美观性的综合统一，为现代室内设计系统的资源管理带来了更专业的技术保障。

此外，计算机软件开发在现代社会中的应用，也体现在社会传媒广告设计中，例如，PS 技术是现代平面传媒设计常见的计算机软件，通过 PS 技术，可以达到对平面设计中色彩、图像、清晰度等方面进行调整，实现现代图像处理系统的资源综合开发与应用，美化平面图形设计，使平面设计的艺术性和审美价值更加直接地体现出来。

第七节 计算机软件开发工程中的维护

目前来看，计算机软件越来越多样化，其在为人们提供便利的同时，也为计算机增加了诸多危险因素，如病毒、黑客等这些问题就会给计算机用户带来较大的影响，甚至造成严重的后果。对此，就需要加强计算机软件开发工程的维护工作，通过科学有效的维护来保证计算机软件的安全性、可靠性，进而为计算机的安全有效运行提供保障。

一、计算机软件开发工程维护的重要意义

软件是计算机技术发展过程中的直接产物，软件与计算机之间有着紧密的联系，在软件的支撑下计算机的相应功能才能够得到体现，所以软件是计算机功能发挥的载体。传统的计算机在语言方面存在较大的限制，而通过计算机软件就可以实现人与计算机的交流和互动。由此可见，软件的产生直接影响了计算机功能的发挥。而一旦计算机软件出现问题，那么自然会影响到计算机的正常运行。因此，为了保证计算机运行质量和性能，就必须加强计算机软件开发工程的维护。首先，计算机软件开发工程的维护是确保用户工作顺利的重要保障。现如今计算机已经被广泛地应用于各行各业中，而计算机的应用离不开软件的协助，所以在计算机广泛应用的背景下，各种各样的软件也层出不穷。而通过对计算机软件工程进行合理的管理、维护，就可以避免故障的发生，从而有效促进用户工作的顺利开展。其次，计算机软件开发工程的维护是促进软件更新及开发的重要动力。在计算机软件工程维护过程中，工程师可以及时发现计算机软件存在的问题和不足，进而更好地对计算机软件进行针对性的优化和升级，这样一来就在很大程度上为促进软件更新及开发提供了动力。最后，通过对计算机软件工程进行维护，还可以在一定程度上提高个人计算机水平。由此可见，计算机软件开发工程的维护具有尤为重要的意义。

随着计算机技术的不断发展和进步，计算机的应用也越来越广泛和深入，在此背景下，软件开发工程就面临着一定的挑战。现如今，人们对计算机的要求越来越高，如在计算机功能、质量、费用等方面都有了较高的需求，因此，为了更好地满足用户需求，多种多样的计算机软件就被开发出来。多样化的计算机软件虽然能够满足人们对计算机不同的需求，但是这也在很大程度上提高了计算机开发工程的维护难度。用户需求的不断提高增加了计算机软件工程的开发难度，再加上人们对计算机软件需求在不断地变化，从而在很大程度上提高了计算机软件工程的运营维护难度。比如，在

计算机运行过程中，常常会出现病毒、木马、黑客等问题，而这些问题的很大一部分原因都与软件开发工程的维护不当有关。软件开发工程的维护与计算机的安全性和可靠性有着直接的关系，当软件开发工程无法得到有效的维护时，就会对计算机的正常安全运行构成威胁。

二、计算机软件开发工程的维护措施

（一）提高计算机软件工程实际质量

软件工程在实际运行过程中，其自身的质量与软件运行的质量和效率有着直接的关系，因此，想要保证计算机的正常稳定运行，提高计算机软件工程的实际质量是尤为关键的。只有提高了软件工程的实际质量，才能够避免软件工程出现问题，进而有效降低软件工程的运行成本以及维护成本。加强计算机软件工程的实际质量可以从两个方面入手，首先，重视组织机构的管理。作为管理人员需要重视对各类工作人员的任务分配，保证工作人员组织结构的完整性，以及保证信息完整上传下达。这样也可以在很大程度上为计算机软件开发提供支持，促进计算机软件工程质量的提高。其次，需要提高计算机软件工程工作人员的综合能力及综合素质。作为软件开发工程师，必须具备专业的能力和水平，同时应该具有良好的实际素养，这样才能够保证软件工程实际质量的提升。在软件开发过程中，针对不同的工作人员应该明确其职责，保证自身分内工作的质量和效率，进而提高整体软件工程的质量。

（二）加强对计算机维护知识的宣传

计算机软件开发工程的维护不仅需要从工程实际质量方面采取措施，同时需要多方协作来提高维护效果。作为计算机使用者，应该充分发挥自身在计算机软件工程管理维护中的作用，加强对计算机软件工程维护知识的宣传工作，积极将计算机软件工程维护的理念树立在每一个计算机施工人员的思想中。另外，还要加强对软件工程维护知识的讲解，使得每一个用户能够认识到计算机软件工程维护的重要性，并掌握一些基础的维护技能。用户在日常使用计算机的过程中，应该加强对系统的维护、软件的更新、杀毒等，以此来避免计算机在运行过程中出现问题。作为网络管理人员，也应该在计算机软件工程维护中发挥作用，比如，网络管理人员可以在相应的电脑界面上给出维护建议，并及时提醒计算机用户对电脑进行维护。

（三）健全软件病毒防护机制

在计算机运行过程中，软件发生问题和故障的很大一部分原因都是由于病毒而造成的，因此，为了更好地保证软件的运行质量和可靠性，就需要健全软件病毒防护机制，通过对病毒进行防护，以此来更好地维护计算机软件工程。软件病毒防护机制主要是通过安装可靠的病毒防护软件来实现的，病毒防护软件可以实现对病毒的有效监测，一旦发生有病毒入侵，立马采取措施进行查杀，杜绝病毒对软件造成的影响。病毒防护软件可以有效抵制 90% 以上的病毒，从而保证计算机软件的可靠性和安全性。在安装了病毒防护软件后，还需要定期对电脑进行杀毒、系统优化，充分利用病毒防护软件来保证电脑的安全。

（四）优化计算机系统盘软件

系统盘是计算机的核心部分，为了保证系统盘的正常有效运行，在安装软件过程中就需要注意控制安装软件的数量，太多的软件会影响到系统盘的运行效率和运行速度。另外，还需要定期对计算机系统盘软件进行清理，比如，对于一些长期不用的软件可以进行卸载，释放系统盘的空间，使得系统盘中的软件得到优化，促进系统盘更加流畅地运行。一般来说，就电脑 C 盘而言，其系统空间最好保持在 15G 以内，超过 15G 就容易对计算机的运行效率产生影响。当计算机系统盘软件得到了优化，也可以在很大程度上提高计算机的运行质量和效率。

随着信息化时代的不断深入，计算机在社会各行各业中发挥的作用也越来越大，作为社会中应用极为广泛的电子设备，已经逐渐成为人们生活、生产中的重要组成部分。因此，为了更好地保证计算机的运行质量和安全性，就必须加强计算机软件开发工程的维护工作，通过科学有效的维护来保证计算机软件的安全性、可靠性，进而为计算机的安全有效运行提供保障。

第五章 软件开发的过程研究

第一节 CMM 的软件开发过程

软件产业是一个新兴产业，近些年来，随着计算机技术的飞速发展，软件产业迅速壮大。中国软件产业起步较晚，不仅在人才和技术方面与软件产业先进的国家之间有较大的差距，在管理方面也相差很大。CMM 是能力成熟度模型的简称，它可以在组织定义、需求分析、编码调试、系统测试等软件分析的各个过程中发挥作用，提高软件开发的质量和速度。本节简要介绍了 CMM 和基于 CMM 的软件开发过程，并提出了 CMM 软件开发过程中需要解决的三个问题。

目前，CMM 是近些年来国际影响力最大的软件过程国际标准，它整合了各类过程控制类软件的优势，提高了软件开发的效率和质量。软件开发需要成熟先进的技术和完善的系统总体设计，CMM 三级定义的软件开发流程使软件开发更简单，对项目的进度和状态的判断更准确，因此，研究易于 CMM 的软件开发过程对软件产业的发展十分重要。

一、CMM 软件开发概述

（一）CMM 概述

能力成熟度模型英文缩写为 SW-CMM，简称 CMM，它是对于软件组织在定义、实施、度量、控制和改善其软件过程的实践中各个发展阶段的描述，它于 1991 年由卡耐基—梅隆大学软件工程研究院正式推出。CMM 由成熟度级别、过程能力、关键过程域、目标、共同特点、关键实践六部分构成，它的核心是把软件开发当成过程，并基于这一思想对软件开发和维护过程进行监测和研究，目的是改进旧日烦琐的软件开发过程，除此之外，CMM 还可用于其他领域过程的控制和研究。CMM 的重要思想是它的成熟度级别的划分，它将软件开发组织从低到高分为五个等级，第一级是初始级，这一级软件开发组织的特点是缺乏完善的制度、过程缺乏定义、规划无效；第二级是可重复级，这一级的软件开发组织基本建立了可用的管理制度，可重复类似软件的开发，因此这一级有一重要的过程——需求管理；第三级是已定义级，软件企业将软件开发标准化，可以按照客户需求随时修改程序，这一级的重要过程是组织过程；第四级是已管理级，软件企业将客户需求输入程序，程序自动生成结果并自动修改，这一级的重要过程是软件过程管理；第五级是优先级，软件企业基于过程控制工具和数据统计工具随时改变过程，软件质量和开发效率都有所提高，这一级的重要过程是缺陷预防。CMM 成熟度的划分对国内软件开发组织的自我定位和进步有很大的影响。

（二）CMM 软件开发过程

首先进行项目规划，软件开发人员先了解客户的需求，通过调查问卷、投票等形式搜集信息，相关人员对信息进行归纳处理，提出新的软件的创意，小组人员讨论出软件的小改模型之后进行可行性分析并研究新创意的创新性和可行性，提出模型中需要解决的问题，估计项目所需的资金和人力资源，列成项目计划书交付评审。评审通过后，确定软件的具体作用，明确新软件的功能，在目标客户范围内搜集信息，建立准确的模型，制订软件开发计划。先进行概要设计，构建系统的轮廓，根据软件开发划分系统模块并建立逻辑视图，建立逻辑视图的核心是对信息进行度量，设计工作量、审核工作量、返工工作量以及完善设计中存在的缺陷等，设定软件标准和数据库标准。然后进行详细设计，针对每一个单元模块进行优化设计，审核设计中的缺陷之处，将概要设计阶段引入的函数进行详细分解，运用程序语言对函数进行具象的描述，将代码框架填充完整，补充需求跟踪矩阵，最后设计以模块为单元的测试。完善设计方案后，开始编码调试，先进行编码，小组每个人的编码成果都要经过其他人的检查，以防出现漏洞，然后按照测试设计进行单元测试。单元测试无误后进行集成测试，系统集成完毕后将所有测试用例用来测试，系统零失误通过测试说明系统无漏洞，否则检查漏洞重新测试，测试结果形成测试报告留存。软件交付客户验收前进行最后一次测试，检测软件功能与客户需求之间的差距，测试人员在客户提出的每个情境下测试软件功能，测试无误后交予客户。客户验收无误后，小组每个成员针对自己负责的模块进行经验总结，总结基于 CMM 的软件开发的经验。

（三）CMM 在软件开发中的作用

CMM 在项目管理活动、项目开发活动、组织支持活动三方面都可发挥作用，对提高软件开发的质量和效率有很大的影响。然而，目前我国基于 CMM 的软件开发还处于起步阶段，主要应用的领域是铁路信号系统、海关软件开发、军用软件开发、雷达软件等，推进了铁路新开系统的开发和利用，拓宽了海关软件开发的平台，承接了以前军用软件开发轴端，提高了雷达软件开发质量。在更广大的领域，CMM 还应充分发挥其自我评估、主人评估的作用，为更多的软件开发组织解决软件项目过程改进、多软件工程并行的难题。

二、基于 CMM 的软件开发过程需要解决的问题

（一）软件开发平台的实现

软件开发平台是 CMM 的软件开发的基础，目前软件开发的代表性理论是结构化分析设计方法，它利用图形描述的方法将数据流图作为手段更具体地描述了即将开发的系统的模型，在程序设计中，它将一个问题分解为许多相关的子集，每个子集内部都是根据问题信息提取出的数据和函数关系，将这些子集按照包含与被包含的关系从上到下排列起来，定义最上面的子集为对象，即新的数据类型，平台开发的基础就是这个新的数据类型，平台的框架则是将表现层、业务层、数据交换层用统一的结构进行逻辑分组。

（二）软件组织中的软件过程控制

软件过程是用于开发和维护软件的方法和转换程序，工程观点、系统观点、管理观点、运行观点和用户观点缺一不可。软件过程控制的核心是尽量不和具体的组织机构及组织形式联系的原则，它需要定义和维护软件过程，将硬件、软件、其他部件之间的接口标准化，并确定各组织机构的规范化，制订过程改进的计划后，要先选定几个具有普遍特征的项目作为测试项目，进行试运行，确定软件过程控制的有效性，准确地记录过程控制的数据和具体问题，运用 CMM 将这些问题解决后，将过程控制程序应用到所有的项目中。

（三）软件过程改进模型

软件过程改进模型的核心是评估系统在服务器端的实现流程，登录系统后对新项目进行描述，在线进行项目需求文档编写，同时指派 SQA 人员到项目组进行指导，根据需求文档制订项目 SCM 计划，进而得出跟踪需求，收集当前软件过程中的实际数据并与计划值比较，报告比较结果。若结果在误差允许范围之内，则项目结束，如超出误差允许范围，则调整项目计划，调整后的项目计划再进行以上流程，直至实际数据与计划值的差在误差允许范围之内，软件过程改进模型建立完毕。

目前，国际大多数软件开发过程和质量管理都遵循 CMM，在软件开发中，CMM 的各个关键过程都有对应的角色和负责的阶段，对软件开发的速度和质量的提高有重要的意义。在我国，基于 CMM 的软件开发过程的研究正处于起步阶段，CMM 还有很多功能没有挖掘出来，在基于 CMM 的软件开发过程中，工作人员要充分发挥和挖掘 CMM 的价值，大胆创新，在实践中改进软件控制、软件开发管理等过程，不断提高软件开发的能力。

第二节　软件开发项目进度管理

进度管理是软件开发项目管理的重点，贯穿整个软件项目研发过程，是保证项目顺利交付的重要组成部分。本节从软件开发项目特点出发，阐述软件项目管理现状，分析影响项目进度管理的因素，将现代项目管理理论与信息化技术结合并应用到项目管理当中，理论结合实际，验证进度管理在软件开发项目中的重要性，为同行业后续类似的软件开发项目提供借鉴与参考。

随着信息技术的不断发展，移动互联网、云计算、大数据及物联网等与现代制造业结合，越来越多的软件项目立项。在软件项目开发过程中，无论是用户还是开发人员都会遇到各种各样的问题，这些问题会导致开发工作停滞不前甚至失败。软件项目能否有效管理，决定着该项目是否成功。因此，如何做好软件项目管理中的进度控制工作就显得尤为重要。

一、软件开发项目的管理现状

国内外软件开发行业竞争越来越激烈，软件项目投资持续增加，软件产品开发规模和开发团队向大规模和专业化方向发展。因为起步晚，国内绝大多数软件公司尚未形成适合自身特点的软件开发管理模式，整个软件行业的项目管理水平偏低，与国际知名软件开发公司有一定的差距，综合竞争能力相对较低。首先，缺乏专业的项目管理人员，软件项目负责人实施管理主要依靠经验积累，缺少项目管理专业知识；其次，在项目开始阶段缺少全局性把控，制订的项目计划趋于理想化，细节考虑不周，无法进行有效的进度控制管理，导致工作进度滞后；再次，项目团队分工不合理，项目成员专业能力与项目要求不匹配，成员出现重复甚至无效的工作，从而影响项目进展；最后，项目负责人不重视风险管理，没有充分意识到风险管理的重要性，面对风险时缺少应急预案，使原本可控的风险演变成导致项目受损甚至失败的事件。因此，必须在整个软件开发项目周期内保持对项目的进度控制，当遇到问题时给出合理的解决措施，将重复工作、错误工作的概率降到最低，使项目目标能够顺利实现，使企业能够获得最大利润。

二、软件开发过程中影响进度管理的因素分析

项目管理的五大过程：启动、计划、执行、控制与收尾。软件项目管理是为使软件项目按时成功交付而对项目目标、责任、进度、人员以及突发情况应对等进行分析

与管理。影响软件开发项目进度的因素主要有人的因素、技术的因素、设计变更的影响、自身的管理水平及物资供应的因素等。对项目进行有效的进度控制,需要事先对影响项目进度因素进行分析,及时地使用必要的手段,尽可能调整计划进度与实际进度之间的偏差,从而达到掌握整个项目进度的目的。

(一) 进度计划是否合理和得到有效执行

项目在开发过程中都会制订一个进度计划,项目进度和目标都比较理想化,在面对突发情况时没有相应的应急处理预案,无法保证项目进度计划的有效执行。主要体现在制订项目进度计划时由于管理人员自身专业局限性,对项目目标、项目责任人和研发人员和项目周期都有明确划分,但对项目开发难度和开发人员能力考虑不足,假如因项目出现重大技术难题而引起项目延期,同时没有做相应的应急处理,势必影响项目进度顺利实现。

此外,影响项目进度顺利实现的因素还有:没有详细的开发计划和开发目标,开发计划简单不合理。比如,项目目标不清晰,项目组织结构和职责不明确,项目成员缺少沟通,不同功能模块出现问题相互推诿;每个开发阶段任务完成情况不能量化;开发计划没有按照里程碑计划进行检查,进度出现延误没有相应处罚措施和应急措施,项目进度管理无法正常进行。

(二) 项目成员专业能力和稳定性

项目成员专业能力和稳定性是项目进度计划顺利实施的主要因素。在项目过程中,项目成员专业能力与项目要求不匹配,项目成员离开或者新加入都会对项目的进度造成不良的影响。

项目成员专业能力偏低,不能对自己的工作难度和周期有一个明确的认识,编写的软件代码质量较差,可靠性不高,重复工作比较严重,延长研发时间,脱离原计划制定的目标,导致实际项目进度与原计划规定的进度时间点相差越来越远。

项目成员稳定性包括人员离职或者参与其他项目和增加新人。原项目成员离开项目,项目分配的工作需要由新成员或其他项目成员来接手,接手人员需要对项目的整体和进度进行了解,消化吸收原项目成员已经完成的工作成果,同时利用一定时间与原项目成员交流,并且,每个人的理解能力和专业技术能力不同,在一定的时间内无法马上投入工作,也会影响他们完成相同工作需要的时间,进而影响进度。

(三) 项目需求设计变更

项目需求设计变更对于软件项目进度会造成极其严重的影响。由于项目负责人对项目目标理解不清晰,没有充分理解用户需求;或者为了中标需要,对项目技术难度考虑不深;或者用户对需求定义的不认可,感觉不够全面,提出修改意见,重新规划,造成需求范围变更。

项目负责人对于项目需求把控不严，不充分考虑用户增加变更的功能对整个系统框架内容的影响，缺乏与客户的沟通，忽略团队协作和团队成员之间的沟通，随意修改需求，严重需求变更可能会导致整个系统架构的推倒重来，一般需求变更多了也会影响整个项目进度，造成项目延迟交付。

（四）进度落后时的处理措施

在实际的软件项目开发中，还有许多因素会影响项目进度，没有人能将所有可能发生的事情都考虑周全，在条件允许范围内尽可能对项目开发过程按最坏情况多做预案，做到未雨绸缪，达到项目进度管理的预期效果。

项目管理人员在发现项目出现进度延迟后，需要及时与项目负责人进行沟通，查找问题根源并进行补救控制。同时，一定时间内了解项目组成员工作完成情况以及需要解决的问题，根据需要分解进度目标，做到今日事今日毕，严格按照项目进度计划时间点实施，尽量减少进度延迟偏差出现的次数。按阶段总结项目情况，评估本阶段项目实现状况是否与计划要求一致，协调处理遇到的困难问题，对项目进度进行检查和跟踪分析，随着项目开发的不断深入，找到提高工作效率、加快项目进度的方法。

三、"智慧人社"管理信息系统项目的实现

（一）项目整体进度计划的制订

项目启动初期，项目组成员使用里程碑计划法，对整个项目的里程碑进行了标记，按软件项目开发的生命周期将项目整体划分为几个阶段：需求分析阶段、系统开发阶段、系统测试阶段及系统试运行阶段等。

（二）项目开发阶段进度计划的制订

在项目的每个阶段中，都贯穿着许多阶段性进度计划，"智慧人社"管理信息系统项目的每个阶段计划也是通过使用进度管理方法来制订的。同时，在开发阶段中，项目组将每个功能模块的开发任务进行了更详细的分解，具体到每个子功能，规定了功能实现责任人，并标注了计划用时。项目管理人员可以直观地了解到每个子功能的计划用时，在实施阶段用于与实际使用时间进行对比考核，就很容易得出进度是否延迟或提前的结论。

（三）"智慧人社"管理信息系统项目进度计划的控制

项目进度控制的流程就是定期或不定期接收项目完成状况的数据，把现实进展状况数据与计划数据做比对，当实际进度与计划不一致时，就会产生偏差，如影响项目达成就需要采取相应的措施，对原计划进行调整来确保项目顺利按时完成。这是一个不断进行的循环的动态控制过程。

在"智慧人社"管理信息系统项目开始后,在整体计划中设置了一系列的报告期和报告点,用以收集实际进度数据。分别是项目周会、项目月度会议、阶段完成会议。

第三节　智能开关的软件开发

自从发明了智能开关,给人类的生活带来了很多便捷。智能开关用导电玻璃做触摸端,通过导线和电容、电阻连接到控制输入端。一种智能开关包括电源、继电器驱动电路和继电器等,现在有很多人家里面都安装上了智能开关,智能开关的发展多样式,让人类感受到了社会发展的快速。

智能开关是利用控制板和电子元器件组合和编程,实现电路智能开关控制的单元,它又被称为 BANG-BANG 控制。它不仅功能多、保护性强,并且信息传输性好,速度快,可远程控制,这一项发明可谓对人们的生活品质提高了不少,智能开关可分为很多种类,每种都有不同功能。

一、智能开关和传统开关的区别

(1)传统智能开关与家用智能开关的面板上面有很大的差异,传统的开关一般是指机械式的固定在墙上的开关,但是智能开关是运用控制板和电子元器件的组合和编程来实现控制的单元。其次,传统开关无法进行远程遥控,必须人走到面前手动开关才得以运行。智能开关却可以在远程进行操作,对于懒人来说可以是一项不错的发明。

(2)在功能方面,智能开关突破了传统开关的开和关的简单作用,它可以自动设计回路和调节光度,并且人们还可以在里面设计程序和遥控,它的本身就是一个发射源,除去功能多这一特点之外,智能开关还具有样式美观、装饰点缀的特点,目前已被广泛地应用于家居智能化改造、办公室智能化改造等诸多个领域,不仅是提高了生成效率,还大大降低了运营成本。

(3)智能开关的种类样式多,有人体感应开关、电子调光开关等,假如从技术角度来讲,又主要分为总线控制开关、单相线遥控开关等,这些是传统开关无法相提并论的。

二、智能开关的功能和使用

智能开关有两个主要功能,人们在购买开关时会根据开关的性能进行挑选。智能开关是一款有"记忆"的开关,假如智能遥控器没电了,等恢复有电之后,遥控器里的所有程序还存在里面,无须重新输入。第二个功能就是之前讲到的远程遥控,这种操作相当于是保留了传统开关的操作模式，也可以用遥控器进行灯光控制，甚至可以与手机相连，当你不在家时可以在手机里看到家里的灯是否关闭。

智能开关的使用，用安卓手机举个例子，可以在手机中下载并安装一个"智能家居终端控制"的应用软件，然后点击进入页面，选择"功能"界面，找到需要编辑的开关，这时会弹出一个对话框，点击"设置按键"按钮，之后进入界面后就可以对自己想要更改的场景开关进行修改了，使用起来既方便又安心。

三、智能开关的发展

智能开关的出现让不同环境下的存储管理也成为可能，减少了不少的费用。智能开关虽然已很完美，但是，仍然处于进化的阶段。智能开关英文全称：intelligent switch，已经有了十年历史，在现代社会来讲是离得比较近的一个产品，20 世纪 80 年代是最早的智能开关出现的时代，那时智能开关还只是用于自动电话选路，之后不久，相类似的也逐渐出现在人们的视野中，甚至到后来 20 世纪 90 年代进化中的因特网。智能开关的种类越来越繁多，到现在为止有上百种，但是目前还在不断增加中，给人们的生活带来诸多方便。

四、智能开关的优势

智能开关进入市场之后颇受欢迎。之所以会有这么多人喜爱它，就在于它的优势，单火线传输，根本无须再添加一根零线，不管是使用还是维修都是很方便的。还有就是多控、遥控、温控等功能，当负荷未超过动作电流时，它能保持一个长时间的供电，这也是智能开关的基本功能。有了智能开关能够省不少心和力。智能开关的重点就是稳定性好，传输速度快，使用寿命长，有了这些特点自然会很受人们的欢迎。

五、智能开关的价格

智能化的产品能够给客户带来方便，价格也要能让客户接受，从目前市场价来看，套三的房子基本上就是 1000~2000 元左右，这个价格相对于现在很多家庭来讲也不算是很高，还在大众能够接受的水平。购买智能开关之后会有一个很好的售后服务，购买智能开关时一定要选择有好口碑的厂家，这样售后服务才能得到最大的保障。

智能开关能够控制一定的区域里的灯。一般情况下，一个开关可以控制 27 个灯，还能对某一区域的灯进行锁定，确保能够长时间的开启，也可以一次性关闭房间里所有的灯，也可以一次性打开全部和个别打开。

六、智能开关的布线

智能开关采用强电布线进行安装，跟普通开关是一样的道理，同时要比传统开关简单一点。全部的布线也是有一些差别的，一般传统开关的布线可以让有的灯进行双控，甚至是多控，布线相比较麻烦，但是智能开关的布线，根本就无须考虑这些问题，只要把对应的灯光线和对应的开关底盒连接到一起就完成了，可以说是完全按单项控制来进行布线的。

目前的智能开关主要还体现在开关与开关之间的互相控制上，就像是两个开关之间由感应组合成一个整体网络布线，通过网络发出的信号进行互相传递，意思就是通过里面的信号线把实施命令传递到开关上。而想要达到这个目的，就需要用信号线把所有的开关连接起来。但是由于信号线属于弱电线，人们需要遵循弱电布线原则。布信号线时大家可以以家中的信息箱为起点，用网线或者单根双绞线，这样就可以把所有的开关连接起来了。

智能开关在普通开关的基础上，多了一条两芯的信号线，普通的电工就可以完成安装，智能开关的每一个开关可以说是一个单独的集中控制器，在安装的时候不需要加任何其他设备措施，安装起来方便，比起传统开关人们更容易接受。智能开关虽然比传统开关价格高一些，但是用起来真的比传统开关方便不少，它的性价比是完全成正比的。

七、智能开关的缺点

智能开关的优势很多，但不可否认的是它也存在一定的缺点。智能开关处于进化阶段，安装智能开关就必须得安装智能灯泡，智能灯泡的安装相对比较复杂，如果想移动切换到另一个设备的话，就需要重复这个过程，这对于普通的电工来说也是一项很大挑战。但是这种自主研发的产品电力损耗也比较小，使用的寿命也比普通传统开关长很多。

第四节　软件开发项目的成本控制

本节将先对软件开发成本控制影响因素进行分析，并梳理现代软件开发成本管理现状，以此为前提提出适宜有效的项目成本控制对策。

21 世纪是一个全新的信息时代，而软件在信息技术发展中具有一定核心价值作用，为推动软件事业前行，实施强有力的软件开发项目成本控制管理是其关键环节，因为成本控制是否合理直接关系着项目开发的顺利程度，甚至关乎项目是否成功。软件开发和传统项目的实施有一定区别，其特殊性表现为：一方面软件产品生产、研制密不可分，若研制完成，产品基本完成生产，可以说软件开发过程实则是一个设计过程，物资资源需求少，人力资源需求大，而且所得产品主要为技术文档、程序代码，基本不存在物资成果；另一方面软件开发属知识产品，难以评估其进度和质量。基于软件开发项目的典型特殊性，其成本控制也有一定难度，风险控制复杂，下面就将对软件开发项目成本控制管理问题展开探讨。

一、软件开发项目成本组成及其控制影响因素分析

（一）软件开发成本部分构成

首先，软件开发成本主要是人力资源，内容包括人员成本开销，一般有红利、薪酬、加班费等；其次是资产类成本，即"资产购置成本"，主要指设计生产过程中所产生的油性资产费用，包括计算机硬软件装备、网络设施、外部电力电信设备等；再次是项目管理费用，这是保证项目顺利开发、如期完成的基本条件之一，拥有一个良好的外部维护环境，如房屋、办公室基本供应、设备支持服务等；最后为软件开发特殊支出费用内容，简单来说是其始端、终端产生的成本，包括前期培训费、早期有形无形准备成本支出等。

（二）影响软件项目成本控制管理的主要因素

（1）软件开发质量对项目成本的影响。一般来说，软件开发质量直接可对成本构成影响，而项目质量又分为质量故障维护和质量保证措施两个范畴，先排除质量故障维护成本，从开发到成功，保证软件产品拥有较好功能，形成了固有的成本体系。因此总的来说要想提升软件产品质量，就应投入更多成本，两者间存在一定矛盾关系。而另一方面若项目质量差，可以追溯到开发早期故障排除成本投入太低的缘故，因此前期应投入所必需的维护成本，后期维护成本会跟着降低，也有利于得到质量更优的开发软件产品。

（2）软件开发项目工期对成本的影响。项目开始后工期的长短也和成本紧密相连，具体体现主要表现为以下几方面：首先，项目管理部门应保障在工期内完成产品生产，若后期需跟进工期或缩短工期，首先会投入更多好的无形技术，增加人力资源，此外还包括一部分硬性有形成本；其次，若发生工期延误现象，因为自身因素造成对方损失，按合同索赔无疑会给项目成本带来损失。

（3）人力资源对软件开发成本控制的影响。在软件开发这一无形项目实施中，人力资源是重要也是最主要影响因素。开发时若投入较多高素质、高专业技能人员，无疑增加了项目成本支出，而纵向、平行对比，优质人员投入会大大提升其工作效率，

后期工期一般会明显缩短；反之投入较多普通质量工作人员，工作效率不达标会延长工期，无形中增加了人力成本，因此高素质人员投入总体来说能降低企业成本。

（4）市场价格对成本的影响。随着时代的发展，软件开发产品会跟随市场变化而发生价格上的变动，收益也会变动，而在开发过程中所需人力资源成本、相关硬件设备成本等也都会有价格上的波动，直接影响整个项目开发的总成本支出额度。

二、当前软件开发项目成本控制存在的普遍问题

（一）软件开发项目成本管理问题

软件开发项目成本管理工作复杂，涉及人员较多，目前部分企业在项目开发前仍不能很好地在成本管理中理顺权、责、利三者之间的关系，单纯笼统将其管理责任归结在财政主管上，成本管理体系不完善，直接造成软件开发项目成本控制难以得到合理的管理。

（二）项目开发人员普遍经济意识不强

软件项目开发人员绝大多数为专业技术人员，缺乏经济观念，项目成本控制意识比较淡薄，项目负责人一般更注重倾向于技术的管理，狠抓技术效率或将项目核算完全归于财政部门执行。

（三）质量成本控制问题

所谓质量成本是指为保证开发软件质量、提高效率而产生的一切必要费用，同时包括质量未达标所造成的经济损失。当前部分企业受经济利益影响，长期以来仍未正确认知成本、质量两者之间的关系，或一些负责人懂得这一关系，但在实际操作中却往往将成本、质量对立，片面追求眼前利益，忽视了质量问题，质量下降或不达标所造成的额外经济损失则是不可估量的，影响信誉，对企业长期发展也十分不利。

（四）工期成本问题

软件开发如期交付是项目管理的重要目标，而项目人员是否能按合同如期完成任务，是导致项目成本变化的关键影响因素。目前项目合同上虽有明确工期，但管理上很少将其和成本控制关系一起进行分析。不重视工期成本问题本身就是成本控制盲区，部分企业为尽快完工，可能存在盲目赶工的现象，最终软件产品质量也得不到保证。

（五）风险成本控制问题

所谓风险成本指的是一些未知因素引发的。发生这种问题的关键在于项目管理很少考虑到风险因素，未及时发现潜在风险，一旦发生状况难以规避，这将给项目成本带来极大冲击。

三、软件开发项目成本控制对策

（一）建立软件开发成本控制管理机制

为合理控制软件开发成本，首先应明确管理人员权责问题，包括成本计划编制责任人的确立、成本考核具体指标的设立等，每个部门及参与开发人员都应明确界定权责，关键人员赋予成本监督管理权利；建立健全对所有工作人员执行的奖惩制度，增强开发人员经济意识，人人参与成本控制，严格按工期跟进工作进度，保证开发产品质量，严管盲目赶工、怠慢工作延误工期等恶劣现象，实际工作过程中落实责任担当，使成本控制管理工作真正落到实处，发挥出重要意义。

（二）对项目开发过程加强管控

项目开发过程初期首先应明确企业经营方向，做好成本控制关键性决策意见，而决策下达前必须对市场需求进行调研、分析、整理并确立软件开发所必须的需求，初步确立成本，包括必要硬件设备、网络、人力资源、初拟工期(需结合市场分析并分析风险，注意规避风险)等；加强软件开发过程中的成本控制，必须将其纳入项目成本管理任务中；一些较大软件开发，过程中还应及时收集客户因市场需求而发生的产品要求上的改变，变更需求，科学掌控成本，避免盲目工作，有效规避风险，促进成本管理。

（三）强化成本要素管理和成本动态管理

软件开发项目成本控制要素有人力资源、有形设备、管理环境等，基于其影响要素应实施对应有效成本控制措施。软件开发是一个长期过程，开发时还应注重动态成本控制，提升工作效率，保证软件开发产品质量，避免因工期延误、产品不达标等现象而造成的经济损失。

软件开发同传统项目开发相比具有极强的特殊性，因此在成本控制上也不能单纯沿用实体项目的成本计算形式。为良好控制成本首先应分析软件开发成本影响因素，包括人力资源、工期等，并对软件开发成本管理现状展开分析，基于此提出针对性改善对策，目的在于控制成本，保证企业合理盈利，避免不必要的经济损失。

第五节　建筑节能评估系统软件开发

我国已经具备了建筑节能设计规范与标准，但是缺乏建筑节能评估工具与方法，这些标准与规范在执行的力度与范围上存在很大的差异。建筑节能评估系统软件为建筑在设计、检测、管理以及监理方面提供了重要的辅助作用，能够有效地评估出建筑是否达到了节能的标准，从而使建筑节能工作实现规范化的管理。

一、建筑节能评估分析的现状

（一）建筑能耗分析

建筑能耗受室内空气品质、采暖空调设施、建筑热工性能、当地气候环境、建筑使用管理以及建筑热环境标准等方面的影响。分析主要包括空气与水分配系统的模拟分析、建筑物能耗实地测量、建筑物地理位置与气象数据分析、动态过程符合计算方法的研究、计算方法的矫正以及对分析空调系统周期成本经济秩序的研究等。

（二）建筑节能标准中存在的不足

制定建筑节能标准，对我国建筑节能工作的开展起到很大的促进作用，但是其本身仍然存在很大的不足，在执行的力度与范围上存在极大的差别。

1. 节能标准的制定与设计不够统一

标准制定过程规范了设计过程，而设计过程再现了标准的制定过程。二者采用的工具与方法是一致的。但是在现阶段，标准的设计与制定过程相互独立，设计过程只是对标准中提出的指标进行简单的执行，而且运用的工具方法也不一致，不再是标准制定过程的再现与应用。

2. 节能指标的可操作性不高

我国现阶段的建筑节能设计标准只是提供了以建筑耗冷量、耗热量为主的综合指标以及围护结构热工性能为主的辅助指标，这些指标在实际应用的过程中较为抽象。进行设计与评价时缺乏对建筑耗能分析的工具，不能确定建筑物耗冷量与耗热量。仅仅是围护结构热工性能的参数较为直观，但是这些参数不能用来判断建筑是否达到了节能的标准。

3. 无法实现标准的灵活性

我国现阶段的节能标准通常允许具备一定的灵活性，设计人员在设计的过程中可以不按照某些规定来进行，当某些地方难以达到标准要求时，必须在其他方面进行补偿，而且必须根据节能指标重新计算，不能使建筑的总耗能大于设计标准中耗能量。由于计算过程太过复杂，计算方法太过专业，在设计过程中难以确定节能的经济效益、实现标准的灵活性。

（三）建筑节能评估系统分析软件

我国现阶段的节能评估系统分析软件的开发较为落后。虽然对暖通空调 CAD 系统做出了大量的研究，但是对于分析评估系统却只进行了简单比较，没有综合分析建筑耗能，与我国建筑节能工作实施的深度与范围难以适应。国外对这方面的研究较为成熟，有专业的分析建筑能耗的软件，能够分析建筑设计的全过程，对建筑节能工作的实施具有非常大的促进作用，为节能建筑的监督、设计与管理等方面提供了有力的理论依据，对于我国建筑节能相关软件的开发具有很大的参考价值。

二、建筑节能评估系统软件的模型

（一）建筑节能评估系统软件功能

1. 对新建或者改建的建筑设计方案进行节能评估，对于不能达到节能标准的建筑应当提出有效的改进措施。

2. 结合建筑的设计需求，使其设计标准符合节能的要求，并且标注出需要修改的地方，使设计工作者能够更好地进行设计。

3. 满足动态设计与分析。在运用此软件进行设计的过程中，能够评估设计过程，得出有效的节能效果，使工作人员得到有用的参考，使建筑设计能够满足节能的标准。

4. 对于缺乏标准制定的区域，此软件能够制定标准，分析建筑的能耗，并且结合节能的要求来确定该区域建筑节能指标，使建筑设计、节能评价以及制定标准相统一。

（二）软件内核

1. 输入输出

输入界面是软件的基础所在，其性能的良好决定了软件是否能够得到大力的普及与认同。

2. 工程数据库

根据数据交换的特征，主要包括动态与静态两种数据库。动态数据库是在评估与设计中动态形成的，能够有效连接软件的各个模块；而静态数据库包括设计标准、规范、工程设计档案库、气象资料库、知识库、空调设计库与常规设计知识库等。

3. 建筑耗能分析

建筑能耗分析要与其他功能相连接的信息交流。

4. 智能分析

人工智能分析主要包括神经网络与专家系统两个方面，能够解决建筑节能标准中存在的不足。其可以使设计更加动态化，对设计参数做出正确的判断，使节能评估更加综合全面。

5. 节能设计

节能设计不但要达到建筑的节能标准，还应当具备建筑的各项功能，对每一个环节都应当进行有效的节能分析，从而为用户选出最恰当的节能方式。

6. 节能评估

根据节能设计标准的要求，能够自动提供一个标准节能设计，其与原来的设计方案具有相同功能，并且建筑环境与面积、用户种类、设计计划以及气候资料都相同。结合有效的计算方法，对原有设计与标准节能设计的能耗分析，如果原有设计的能耗低于或等于标准节能设计，那么原有设计就属于节能设计方案。如果原有设计高于标准节能设计的能耗，则应当找出能耗的具体方面，并且给出相应的改进策略。

7. 主控模块

通过主控模块能够对节能系统进行调控，能够更加方便地使用其他模块，从而提高节能设计与评估的工作效率。

三、建筑节能评估软件的实现

（一）基本思想

智能化与集成化能够帮助技能评估系统软件解决标准中存在的不足，使其基本功能得到有效的实现。在开发软件的过程中应当时刻注重这两点内容。

1. 智能化

目前人工智能技术取得了飞速的发展，这种技术在建筑节能评估方面的应用也越来越广泛。人工智能具体应用方式主要包括以下两种：其一是以连接为根本的神经网络；其二是以符号为根本的专家系统。前者具有非常强大的学习能力，而后者则具备人脑的思维能力。人工智能在此软件中建立的专家系统包括设计经验、思维活动以及设计经验等知识体系，并且与能够进行知识自学的神经网络相结合，这样就能够使建筑节能评估系统软件真正实现智能化。

2. 集成化

将以往功能分散的软件结合在一起，并且运用通用的数据转换工具与结构，使这些能够信息互通，有效避免了人工进行数据的转换，这样才能有效地利用各项资源，使分析设计的任务得以完善。此软件主要以 Visual C++6.0 为主要工具，将 CLIPS、DSeT、Microsoft Acecss、MATLAB 集合在一起。

（二）建筑功能实现

（1）运用 Visual C++6.0 能够实现软件的主控功能，并且拥有在线帮助的服务功能。

（2）结合开放数据库的连接（ODBC），达成 Access 数据库与程序的动态连接。

（3）运用动态连接方式（DLL）达成 CLIPS 与 Visual C++6.0 的结合，建立专家系统。

（4）通过 Access 数据库达成能耗分析与主控界面的连接。

（5）通过引擎驱动达成 MATLAB 和主控界面的连接。

建筑节能标准在现阶段中存在的不足制约了建筑节能工作的普及，本节通过人工智能与集成技术来解决这些问题，结合研究结果可以看出这方面的探索具有非常重大的意义。文中所讲述的建筑节能评估系统软件，会成为建筑在设计、检测以及管理过程中的一个十分重要的工具，能够使建筑节能工作实现标准化。在未来的探索过程中应当付出更大的努力，这样才能够使文中所提出的目标得到更好的进步。

第六节　基于代码云的软件开发研究与实践

　　需求环境的不断发展，导致软件研发中代码重用、开发效率等问题越来越凸显。本节深入研究基于云计算的软件开发新理念，然后结合 AOP 和 B/S 架构技术，提出一种新的软件开发方法，即基于代码云的软件开发方法，描述了基于代码云的软件开发过程，并以某同城配送电商平台的开发为例进行了实证。实践表明，采用此方法能极大地提高软件重用与代码可定制性，符合高内聚低耦合的软件开发要求。

　　当前软件开发技术已经难以满足"互联网＋"理念软件开发的需求，表现在软件重用率、软件部署、可维护性和扩展性等方面。云计算的出现给这些问题的解决带来了机遇。目前市场成功产品也很多，如谷歌的 GAE、IBM 的蓝云等。

　　云代码是指存储在云端服务器上种类繁多的开源代码库，涵盖小到单一代码片段，大到大型软件框架的代码。开发人员将这些云代码复用或稍做修改后即可来实现软件功能，进而提高软件开发效率。

一、代码云技术和面向切面编程

（一）代码云技术简述

　　基于云存储的代码云技术是通过将云计算、云存储、面向切面编程和浏览器／服务器 (B/S) 架构技术结合在一起形成的。它的服务驱动方式为云计算，编程方式主要是面向切面编程 (AOP，Aspect Oriented Programming)，结构模式为三层 B/S 架构，通过提供云代码定制服务 API，软件开发人员和软件开发项目组可以在线获取与定制云端代码，方便敏捷开发、项目组内协同、异地开发等，通过在线开发，积累云实现知识。面向切面编程的解耦性可保证系统中各个功能模块间的相互独立性，B/S 架构技术的"瘦客户端"模式促使三层分离，但同时从体系架构结构方面有利于软件项目的开发、部署与维护。

　　代码云编程模型起源于面向切面编程，主要作用是分离横切关注点并以松散耦合的形式实现代码模块化，使系统各业务模块和逻辑模块能调用公共服务功能。从没有逻辑关联的各核心业务中切割出横切关注点，组成通用服务模块，实现代码重用。一且通用模块变动，系统开发人员只需要编辑调整此通用模块，所有关联到此通用模块的核心业务与逻辑模块即可同步更新。具体的编码实现可以分为关注点分离、实现和组合过程，其中分离过程主要依据横向切割技术，从原始需求中分离并提取出横切关注点与核心关注点；实现过程是对已分离出的核心关注点和横切关注点进行封装。组合过程的主要功能是将连接切面与业务模块或目标对象组建成一套功能健全的软件系统。

（二）面向切面编程

面向切面编程 (AOP) 是 20 世纪 90 年代由施乐公司发明的编程范式，可以用于横切关注点从软件系统分离出来。AOP 的引入弥补了面向对象编程 (OOP) 的诸多不足，如日志功能中就需要大量的横向关系。AOP 技术解决了应用程序中的横切关注点问题，把核心关注点与横切关注点真正分离。

二、基于代码云的软件开发过程

基于代码云的软件开发过程包括了可行性研究、需求分析、设计、代码开发请求、代码获取、程序安装以及编程整合、测试维护八个阶段，其中可行性研究、需求分析、设计阶段是和传统意义上的软件开发过程相同的，把编码、测试、维护阶段变更为代码开发请求、云代码获取、云代码程序安装和编程整合等阶段。

（一）可行性研究阶段

可行性研究是指在经过调查取证后，针对项目的开发可行进行分析。主要分为技术可行性、经济可行性和社会可行性等多方面，并形成详细的可行性分析报告。

（二）需求分析阶段

软件研发人员在可行性分析的基础上，准确理解客户需求，并和客户反复沟通，把客户需求转换为可描述的开发需求。需求分析主要分为功能需求、性能需求和数据需求。对于软件开发来说，需求分析阶段是最重要的环节之一，关系到系统流程的走向和数据字典的描述，需要将项目内部的数据传递关系通过流程图和数据字典描述，需要软件对相应速度、安全性、可扩展性等方面进行分析，需要准确描述所开发软件的数据安全性、数据一致性与完整性、数据的准确性与实时性等。

（三）设计阶段

设计阶段分为逻辑设计、功能设计和结构设计三个主要的部分。逻辑设计主要是设计所开发软件的开发用例，功能设计主要是指对每个用例的功能以及功能之间的关系进行设计，结构设计主要是指程序编码和程序逻辑的框架的设计，主要包括显示层、程序逻辑处理层、分布式节点处理层和分布式数据库存储层等环节的设计。

（四）代码开发请求阶段

根据前述可行性分析、需求分析和设计后，软件开发人员在线注册成功后，申请云代码服务，提出相应需规范行为要求，云代码定制模块接受相应的需求后进行资源检索，然后解析请求信息，得到并解析请求的来源，最终获得满足要求的目标代码库的网络地址，建立申请与来源的信息通道。

（五）代码获取阶段

获取满足要求的云代码的网络地址后，服务器建立两者的联络，软件开发人员可以从云服务器上获取并下载所需的目标代码库。

（六）程序安装阶段

软件开发人员根据所开发软件的逻辑结构，安装已经下载到客户端的目标代码库，形成软件的基础框架或一个个的单独模块、公共功能模块和一批定制组件或代码块。此阶段，程序开发人员需注意代码块之间有无重复、接口冲突等。

（七）代码整合与编程阶段

经过前述 6 个阶段，软件初步架构、接口程序等已经基本到位，程序开发人员通过代码云方式进行程序编写，主要是整合与修改代码。

（八）测试维护阶段

测试阶段主要是对软件的逻辑结构、功能模块、模块间的耦合等情形进行测试，也可以定制测试云模块。

三、基于代码云的软件开发应用

为进一步介绍基于代码云的软件开发方法，我们以作者开发的某同城配送电商平台作为实例进行说明。

（一）开发环境

本节所述基于代码云开发的某同城配送电商平台的开发环境包括硬件、软件两个方面。

1. 硬件环境

主要是两台普通 PC，i5-7400/8G/1T，要求在无线局域网状态，外网状态通畅。一台用于开发，另一台用于测试软件。

2. 软件环境

操作系统：Linux 和 Win10。

Web 服务器：Apache 或者 IIS。

开发语言：PHP

开发工具：Composer

数据库：MySQL

（二）应用实例

同城配送业务主要是鲜花、快餐、外卖等服务，该平台用于构建以公司内部服务为核心，以同城配送为主要业务的电子商务网络平台，要求技术先进、使用方便、系统安全，实现同城配送管理的电商化，食品、鲜花等服务资源的一体化，满足会员、服务来源与配送信息、车辆和配送员等数据的高度集成，该平台全部基于代码云的软件方法设计并开发。

1. 系统总体结构

采用四层架构，可以充分发挥云计算的特性，提高资源与数据的公用共享，可以更便捷地部署与维护，实现"瘦客户端架构"，用户可以通过 Web 浏览器实现对系统的访问。

2. 云代码定制模块

在设计系统时，本节紧密结合同城配送平台自身业务需要，运用定制云代码服务功能，达到设计并实现云代码定制模块的目的。系统配置文件包括程序设计员设置的云代码服务的申请与配置信息。云代码定制主要目的是解析系统配置文件，从目标云代码网络位置将目标云代码下载到本地。然后自动安装程序，将目标代码包安装部署到主程序内。

云代码定制可以实现配送平台主要功能模块的编码，从云代码库可以很快找到实现用户管理、权限管理、通用查询等功能代码。但云代码定制也存在一定问题，对公共模块处理功能强，但对核心代码模块支持少，且程序员还必须在一定程度上进行修改，比如数据库结构，权限控制，核心业务功能，特色业务功能还需要程序员根据需要自行编写。

3. 主要功能模块

根据同城配送业务的需求分析，配送平台主要的功能模块有权限控制、用户管理（含管理员、企业管理人员、配送客户、资源提供商、同行等）、业务管理（订单管理、鲜花配送、食物配送、同城传递）、资源调配（配送资源调配、配送员调配）、财务管理（财务统计、财务报表等）、日志管理（系统日志、访问日志、安全日志等）和安全管理（数据库安全、web 服务器安全、云代码安全等）。这些模块中，登录认证、权限控制、用户管理、日志管理和安全管理等都可以直接从云代码获得，而资源调配、业务管理等需要程序员根据需求自行编制。

4. 平台数据库实现

考虑到跨平台性、稳定性和开源性，本节采用 MySQL 作为数据库开发工具，针对平台业务实现，tcps 数据库共分为 54 个表，其中主要有用户权限表 users、基础字典表 zidian、客户表 Client、地区表 unoin、订单表 order 等。

5. 可以借助云代码实现的模块

（1）云代码管理模块。云代码管理模块基于代码云技术设计，目的是提高平台代码的可重用率，降低各功能模块之间的耦合度，便于解耦各模块。

（2）权限管理模块。权限管理模块基于 RBAC 模型设计，使用代码云方式，通过权限与角色关联，角色与用户关联两个步骤，使用户与权限分配在逻辑上实现分离。平台首先设置了字典表，对各角色之间的关联做出解释，将权限管理模块嵌套到平台中，权限管理主要代码如下：

```
public function StrQuery($sql，$type=1)

{

$data=new MySQLi($ths->host，$ths->uid，$ths->password，$ths->dbname)；

$r=$data->query($sql)；

if($type=1)

{

$attr=$r->fetch_all()；

………

foreach($attr as$v)

{$str.=implode("^"，$v)."|"；}

return substr($str，0，strlen($str)-1)；}

else{return$r；}

}
```

（3）用户管理模块。基于 My SQL 数据库，平台用户管理分为管理员、企业管理人员、配送客户、资源提供商、同行等，实现用户登录、注册、权限管理等。

（4）数据库操作模块。该模块主要通过后台页面登录进去后，根据其不同权限和系统 cookies 等数据对象，实现后台数据库的增、删、改、查操作。

数据库连接的主要代码如下：

```
session_start()；

$username=$_POST["username"]；

$password=$_POST["password"]；

………

$result=mysql_query($sql，$connec)；

if[($row=mysql_fetch_array($result)]

{
```

```
session_register("admin") ;
$admin=$username ;
………}
else
{
……') ; }
```

（5）通用查询模块。可根据用户要求，查询字段或字段组合，自动生成 SQL 语句后，返回查询结果。

（6）通用统计模块。通用统计模块主要是验证用户登录后根据实际情况按照不同权限使用时进行通用统计。提供固定统计字段统计模板和自定义统计模板供用户选择。

（7）日志功能模块。主要是系统日志、访问日志、安全日志，目的一是排错，二是优化性能，三是提高安全性，日志功能模块主要代码如下：

```
$ss_log_filename=/tmp/ss-log ;
$ss_log_lvls=array(
) ;
function ss_log_set_lvl($lvl=ERROR)
{
………}
function ss_log($lvl, $message)
{
global$ss_log_lvl, $ss-log-filename ;
if($ss_log_lvls[$ss_log_lvl]<$ss_log_lvls[$lvl])
{
………
}
$fd=fopen($ss_log_filename, "a+") ;
fputs($fd, $lvl.-[.ss_times*****p_pretty().]-.$message."n") ;
fclose($fd) ;
………}
function ss_log_reset()
{global$ss_log_filename ; @unlink($ss_log_filename) ;
}
```

（8）其他功能模块。主要是附件上传模块及服务器管理、数据库安全模块等。

以上模块都可通过代码云技术实现，既提高开发效率，又方便业务模块调用，实现解耦。

6. 自行开发模块分析

（1）业务管理模块。包括订单管理、鲜花配送、食物配送、同城传递等，业务管理模块核心代码如下：

$name=$PHP_AUTH_USER；

$pass=$PHP_AUTH_PW；

require("connect.inc")；

………

if(mysql_num_rows($result)==0)

Header("HTTP/1.0 401 Unauthorized")；

require('error.inc')；

（2）资源调配模块。包括配送资源调配、配送员调配等，主要代码如下：

$cachefile='op/www.hzhuti.com/'.$name.'.php'；

$cachetext="<?phprn".'$'.$var.'='.arrayeval($values)."rn?>"；

if(!swritefile($cachefile，$cachetext))

{

exit("File：$cachefile write error.")；

}

（三）基于代码云的软件开发的特点

基于代码云的软件开发主要具有如下特点：

（1）代码重用性好：程序员可以利用代码云技术简单地获取所需源代码和定制代码库，利用现成的云端代码来完成特定功能。

（2）耦合性好：基于代码云开发程序能实现项目中公共模块分离，业务模块能够解耦性地调用公共模块。

（3）可维护性强：功能模块基于云代码服务，软件维护成本小，云代码库本身都是已经调试好的，前端与后端分离，应用面向切面编程都可以确保可维护性强。

（4）生产效率高：云代码服务化使得无效编码减少；另外，缩短了软件开发周期，从而确保软件生产效率高。

本节在分析当前云程序开发背景及传统软件开发存在问题的基础上，提出了代码云技术，着重介绍了基于代码云的软件开发过程，并以某同城配送平台作为项目实践，完成了项目的设计与实现，得到了预期研究成果。实践表明，基于云代码技术开发程序，可以有效提高工作和部署效率、提高代码可定制性和复用率，实现高内聚低耦合，在软件开发领域具有很强的实践意义。

第七节 数控仿真关键技术研究与软件开发

数控仿真技术对于工程以及教学方面具有显著的作用，通过对数控仿真技术研究以及对其软件进行的开发，能够很好地保证工程的可行性，对于提升工程工作效率有明显作用。

一、数控仿真及软件开发基本结构

（一）数控仿真技术软件开发

对于数控仿真技术研究软件开发来说，实际关键技术的研究开发主要是关注数控仿真技术与不同种类的软件结合进行相应的操作。最常规使用的软件就是目前基于VC 系统操作的数控软件。就系统来说，由于在使用数控仿真技术研究时需要对于处理物件的三维立体有具体的要求，因此此系统可以保证在实际的程序开发运行中使用到的程序开发量比较少。但是在我国目前对于数控仿真技术研究的软件开发中，这种系统仍处于初步阶段，可使用范围以及领域比较窄。除此以外，还可以将数控仿真技术研究软件开发结合到数控的二次开发中，利用数控仿真技术对二次研究软件进行开发，这是我国目前较为普遍的数控机床操作，数控仿真技术研究软件开发结合二次开发主要是考虑到不同的系统成本上的区别，对于实际企业的开发来说，难度较低且应用范围较广，是目前较为热门的软件开发。

（二）数控仿真技术软件功能

数控仿真技术研究软件开发使用功能主要考虑到实际的机床模型，通过数控仿真技术研究软件开发能够对虚拟车床以及虚拟操作界面进行合理的操作。数控仿真技术研究软件的开发不仅能够保证在实际使用过程中实现机床的虚拟操作以及编辑修改功能，还能通过建立动态的连接，让实际的机床仿真功能结合实际的操作，实现数控仿真技术控制机床的虚拟界面，进行实际的材料加工以及成型。另外，数控仿真技术研究软件开发还能进行几何模型的建立，通过模型的建立把复杂的三维模型进行实际分解，通过软件技术建立三维立体数据方程，实现图形的转换以及连接。

（三）数控仿真技术软件运行

对于数控仿真技术研究软件的运行驱动需要多个步骤进行操作，首先在加工进行数控仿真开发时就需要对程序进行破解以及分析，其次通过对数控仿真技术研究软件开发分析以及破解，在数控过程中对信息进行筛选，再次将数控仿真技术研究软件开

第六章　计算机网络安全技术

第一节　计算机网络安全中数据加密技术

近年来，我国科学技术的发展取得了飞速的进步，其中各项信息技术、互联网技术、数字技术、计算机技术等都有着迅猛的发展，并且逐渐渗透到人们生活的方方面面，成为人们生活中不可或缺的一部分。科学技术的飞速发展为人们的生活、工作、生产等都带来了巨大的便利，与此同时，科学技术迅猛发展背景下伴随的网络安全问题也越来越突出。就计算机网络技术而言，其具有开放性、共享性、互动性的特点，所以很容易存在各种安全隐患、风险隐患等，而一旦出现网络安全问题，那么所带来的后果和影响都是巨大的。因此，这就需要加强对计算机网络的安全管理。数据加密技术是计算机网络安全管理中一种常用的安全技术，其在保证计算机网络安全方面发挥着重要的作用，本节就计算机网络安全中数据加密技术进行详细分析。

随着社会经济的快速发展以及时代的不断进步，现如今，我们已经逐渐步入了信息化时代，在信息化时代下，各种信息技术、网络技术都得到了迅猛的发展，通信网络也越来越发达，已经深入到了我们社会生活的方方面面。但是由于网络具有开放性、隐蔽性、共享性等特点，再加上网络环境非常复杂，所以很容易发生各种安全问题。因此，如何有效保证计算机网络安全是社会需要重点考虑的问题，确保通信网络安全也成为通信运营企业的重要工作内容。数据加密技术是信息时代下的产物，通过应用数据加密技术可以更好地保证计算机网络安全，可以说，数据加密技术是网络安全技术的基石。因此，为了更好地保证计算机网络安全，加强对数据加密技术的应用和研究就显得尤为重要和必要。

一、数据加密技术概述

数据加密技术是一种常用的网络安全技术，简单来说，就是指应用相关的技术以及密码学进行转换或替换的一种技术。通过应用数据加密，可以对相应的文本信息进行加密秘钥处理，将文本信息转换为相应无价值的密文，这样一来就可以避免文本信息被轻易阅读、泄露、盗窃等，进而保证文本信息的安全。可以说，数据加密技术是网络数据保护中的一项核心技术，其在保证网络数据安全方面发挥着至关重要的作用。数据加密技术能够通过相关的信息接收装置进行解密，从而对相应的文本信息进行回复，在整个信息传输过程中，信息数据安全性都可以得到保证。就目前来看，随着计算机网络技术的广泛应用，网络安全问题也日益突出，而网络安全问题所造成的影响和结果都是巨大的，因此，这就需要加强对数据加密技术的有效应用，以此来更好地保证网络安全。日前常用的数据加密方式包括对称式加密和非对称式加密。就对称式加密而言，是指加密的密钥与解密的密钥为同一个密钥，这种加密方式在网络安全管理中有着广泛的应用，其优势就在于加密简单破译困难，所以这一数据加密方式适合大量数据的加密需求。就非对称式加密而言，是指加密的密钥与解密的密钥不同，这种数据加密方式相对于对称式加密而言，可以更好地提高加密的安全性和可靠性。但是这种加密方式算法较为复杂，并且加密速度比较慢，所以更适用于重要数据信息的加密需求。总而言之，数据加密技术对保证计算机网络安全具有重要的意义和作用，加强对数据加密技术的合理有效应用可以更好地保证数据信息安全。

二、计算机网络发展现状分析

计算机网络发展迅猛。随着社会经济的快速发展，以及时代的不断进步，我国科学技术也得到了迅猛的发展，尤其是近年来，计算机技术得到了迅速的推广和应用，这也在很大程度上实现了我国现代通信的发展。现如今，计算机技术已经被广泛应用于各个领域中，如国家经济建设、国防建设、人民社会生活等都离不开计算机技术的支持，可以说，计算机技术已经成为当前社会发展不可或缺的一部分。而计算机是一个开放、共享的平台，所以通过计算机网络进行传输、传递的信息、数据等都很有可能被泄露。就目前来看，通信网络安全已经成为人们日常生活中一个较为苦恼的问题。计算机网络应用中的所有数据、信息都与人们的隐私、机密有关，一旦泄露就很快带来严重的影响和后果。由此可见，在计算机网络迅猛发展下，其带来的网络安全问题也越来越突出。而随着计算机技术的进一步发展，其应用也会更加广泛且深入，比如就目前来看，我国参与计算机网络使用的人数是世界第一，在计算机技术的不断发展背景下，计算机网络使用量必然会不断增加，而其中所存在的网络安全问题也会不断突出。如何有效保证计算机网络安全，促进计算机网络技术健康稳定发展是当前需要重点考虑的问题。

计算机网络安全问题突出。在计算机网络技术广泛应用的背景下，所呈现的计算机网络安全问题也越来越突出。各种网络安全问题不仅会影响到人们的日常生活，同时会对国家经济建设造成一定的影响。导致计算机网络安全问题出现的原因与人们的网络安全意识缺乏、计算机网络安全基础设施水平较低、计算机网络业务增长太快等有很大的关系。目前常见的计算机网络安全问题包括：计算机系统漏洞问题、计算机数据库管理系统安全问题、网络应用安全问题等，这些网络安全问题所造成的影响都是巨大的。为了更好地保证计算机网络安全，就必须加强采取有效的技术措施，如数据加密技术的应用就可以更好地提高计算机网络安全性。

三、计算机网络安全中数据加密技术的应用

链路加密。链路加密是数据加密技术中一种常用的技术，该项加密技术在计算机网络安全管理应用中有着广泛的应用，其对于提高网络运行的安全性具有重要的作用。链路加密主要是在网络通信的过程中进行数据加密，并且加密过程都是动态的，简单理解，就是在每一个通信节点上进行加密解密，而每一个节点的加密解密密钥都不同，所以在数据传输过程中，每一个节点都处于密文状态，这对于保证数据信息的安全性具有重要的作用。链路加密数据不仅能够对每一个通信节点进行加密，同时对于相关的网络信息数据还可以实现二次加密处理，进而使得计算机网络数据得到双重保障。在计算机软件、电子商务中，都可以加强对链路加密技术的应用，以此来更好地保证计算机网络安全。

节点加密。节点加密技术属于比较常见的一种数据加密类型，将节点加密技术应用到计算机网络安全中，不仅可以有利于保证信息数据的安全性，同时可以使得数据传播质量及效果得到更好的保障，所以这一加密技术被十分广泛地应用。节点加密技术的方法与链路加密技术的方法具有一定的相似性，二者都是在经过链路节点上进行加密与解密工作。但是相对于链路加密技术而言，应用节点加密技术所耗费的成本更低，所以，存在资金影响的用户就可以对节点加密技术进行更好的利用。不过，节点加密技术也具有一定的不足，就是在实际应用过程中，容易出现数据丢失的问题，为了更好地保证数据信息安全，还需要对这一技术进行不断的完善和发展。

端到端加密。端到端加密也是数据加密技术中一种常用的安全技术，在实践应用中，该项技术具有较强的应用特点和优势，比如端到端加密技术的加密程度更高，技术也更加完善，所以可以更好地保证数据信息的安全性。端到端加密技术虽然也是在传输过程中进行加密，但是该项技术可以实现脱线加密，所加密操作更加简单，且应用成本不需要很高，就可以发挥出较为突出的加密效果。因此，端到端加密技术在计算机网络安全中也有着广泛的应用，比如在局域网中应用端到端加密技术，可以有效消除信息泄露风险，进而更好地保证信息数据安全。

综上所述，在信息化时代下，计算机网络技术已经被广泛地应用到各个领域中，

其已经成为社会生活中不可或缺的一部分，而在此背景下，网络安全问题也越来越突出。对此，就需要加强对数据加密技术的有效应用，通过数据加密技术，来更好地保证计算机网络安全、数据安全、信息安全等，进而创建一个安全健康的网络环境。

第二节 物联网计算机网络安全及控制

就物联网而言，这是一种新型的网络技术，随着这种技术逐渐发展成熟，已经在许多行业领域得到了深入应用。而物联网计算机网络安全就很快引起了广泛重视，计算机网络安全属于其中的关键部门，具有重要影响。所以，当前就需要加强物联网计算机网络安全的研究，找出计算机网络安全的有效控制对策，从而确保物联网系统安全。

一、物联网的概述

当前，学术界对物联网并没有形成一个明确、统一的定义。以物联网的实质来讲，物联网主要是指这些方面：首先，以物联网作为基础，进行物物相连，进而实现网络延伸和扩展。其次，就是通过物联网的识别技术、通信技术、智能感知技术，实现物品间的信息交流。而在实际应用中，就需要将互联网、物联网、移动通信进行有效整合，在建筑、公路、电网、油气管道、供水系统、道路照明等物体中安装感应器，以构建业务控制系统，从而实现对这些设施设备的集中管控，以便于人们进行生产活动，实现精细化、智能化发展，不断提升生产水平。

二、物联网计算机网络中的安全问题

就物联网而言，其网络终端设备主要是出于无人看守的运行环境中，又因为终端节点数量过多，以至于物联网会遭受诸多的网络安全威胁，进而引发各种安全问题，这些问题主要包括：

终端节点的安全问题。由于物联网的应用种类具有多样性特点，就使得网络终端设备具备较多类型，包括传感器网络、移动通信终端、无线通信终端等。因为物联网终端设备的运行环境是处于无人看守的状态，所以就缺乏有效终端节点控制，进而导致网络终端遭受安全威胁。（1）非授权使用。网络终端设备在无人看守的环境中运行，就容易遭受攻击者的非法攻击和入侵，攻击者一旦入侵了物联网终端，那么就可以非法拔出和挪用 UICC。（2）节点信息遭读取。网络攻击者会强行破坏终端设备，以导致设备内容非对外口暴露，这样攻击者就可以获取会话密钥和一些信息数据。（3）感知节点遭冒充。网络攻击者可以使用相关的技术手段，冒充感知节点，并由其在感知网络中汇入信息，依次为依托进行网络攻击，如进行信息监听、虚假信息发布等行为。

通信安全问题。计算机网络通信的服务对象是人，在通信终端数量过少或者是通信网络承载能力较低时，就会受到网络安全威胁。（1）造成网络拥堵。物联网会包含数量庞大的网络设备，使用当前的一些认证方式，就会产生相应的信息流量，而在短时间内就会有大量设备申请网络接入，从而造成严重的拥堵。（2）秘钥管理。在计算机网络通信使用逐一认证方式进行终端认证之后，就会形成保护秘钥。当通信网络中接入物联网设备时，并形成密钥，就会造成严重的网络资源消耗，而且物联网中包含了一些比较复杂的业务种类，同一个用户在使用同一个设备进行逐一认证，就会形成不同密钥，以至于保证大量的网络资源。

感知层安全问题。（1）安全隐私。感知层中的 RFID 标签和一些其他的智能设备侵入一些物品之后，就会导致物品拥有者被动地接受扫描、定位、追踪等行为，导致物品拥有者的隐私遭到公开。便给 RFID 标签会应答任何请求，从而提高了被定位和追踪风险。（2）智能感知节点安全问题。由于物联网设备都是出于无人看守的运行环境，具有较强的分散性，这就会导致攻击者易接触和破坏物联网设备，或者是通过本地操作进行设备软硬件的更换。

三、物联网计算机网络安全的有效控制对策

感知层安全控制对策。使用加密方式，就加密方式而言，主要包括了逐跳加密、端对端加密这两种方式。就逐跳加密方式而言，其传输过程是使用加密方式进行完成的，在加密过程是需要对传输节点进行不断的加密与解密，每个加点信息都是明文形式。这种加密方式是在网络层中进行加密的，能够满足各种业务的需求，具备效率高、可扩展性、延时低等特性，可以对受保护连接进行加密，要求传送节点具备较高的可信度。就端对端加密方式而言，其可以结合业务类型，来选择合适的加密算法与安全策略，从而提供端到端的安全加密措施，以保证业务的安全性。这种加密方式无法加密信息目的地址，不能隐藏信息传输起点和终点，也就会容易遭受恶意攻击。所以，物联网中就可以使用逐跳加密方式，可以将端对端加密作为一个安全选项，在用户具有较高安全需求时，就可以使用端对端加密方式，以实现端对端安全保护。另外，在加密算法当中，哈希锁属于一种重要方式，可以以此为基础进行加密技术的改进，在不同领域需求中使用。

安全路由协议。对于物联网来讲，其是由感知网络和通络网络所组成的，物联网路由会跨越多种网络类型，包括了路由协议、传感器路由算法等。就安全路由协议而言，这是一种以无线传感网络节点位置为基础，实施保护的方法，可以随机路由策略，

以确保数据包在传输过程中不会由源节点传输到汇聚节点。而是由转发点在一定概率下降数据包传送到远离汇聚节点的位置，其传输路径具备多变性，所以每个数据包都会随机形成传输路径，而攻击者就不易获取节点位置信息，以实现物联网的安全防护。物联网安全路由协议主要使用的是无线传感器路由协议，可以避免非法入侵申请的通过和恶意信息的输入，但是，并不能满足物联网三网融合的需求，以至于在确保安全网络下，降低了物联网性能。当前的安全路由协议存在一定的局限性，要使用一套可行的安全路由算法，对入侵者的恶意攻击进行有效组织。首先，可以使用密钥机制，来构建一个安全的网络通信环境，以确保路由信息的交互安全。另外，可以使用冗余路由传输数据包。在构建安全路由协议时，就会充分考虑物联网性能需求与组网特征，要能保证其实用性，保证安全路由协议可以满足实际需求，有效阻止不良信息的录入。

防火墙和入侵检测技术。为了提高传输的安全性，就可以根据物联网性能要求与组网特征，研发特殊的防火墙，制定具备更高安全性的访问控制策略，有效隔离不用类型的网络，从而保证传输层安全。在应用层可以使用入侵检测技术，对入侵意图和入侵行为进行及时检测，使用有效措施进行漏洞修复。首先，可以对异常入侵进行检测，根据异常行为和计算机的资源情况，有效检测入侵行为，使用定量分析，构建可接受的网络行为特征，区分非法的入侵行为。另外，可以检测误用入侵，使用应用软件和系统的已知弱点攻击方式，进行入侵行为的检测。需要根据物联网特征，设计出与物联网系统高度符合的入侵检测技术，从而加强物联网系统安全。

总而言之，物联网计算机网络安全属于物联网系统中的重要部分，是确保数据信息安全的重要因素，在构建物联网系统中，需要考虑到物联网性能、物联网特征、物联网需求，使用可行的安全控制策略，以确保计算机网络安全，确保物联网的数据安全，以推动物联网应用行业的发展。

第三节　计算机网络安全分层评价体系

现如今，在这个信息化飞速发展的时代，计算机以及互联网广泛应用于人们的工作和生活中。计算机以及互联网在给人们带来方便的同时存在一定的安全隐患。面对互联网，网民们需要做的就是增强自我保护意识和遵守互联网秩序；相关部门和企业需要立足于现实情况，通过构建一系列系统完备的技术来稳定网络秩序，为用户提供一个安全的网络环境，保障用户的信息安全，使企业在完善的分层评价体系下能够获得长远发展。基于此，本节通过分析目前计算机网络安全分层评价体系的不足，为构建更加完备、科学、系统的计算机网络安全分层评价体系提供有效建议，为计算机网络安全分层评价体系的构建工作提供充足的理论支持。

计算机网络安全是一个热点话题，计算机在网络连接下发挥着强大的功能。互联网技术使每一台计算机在协议允许的情况下轻松与互联网连接，从另一个角度来说，这意味着互联网的安全隐患潜伏，随时都有可能爆发。所以，相关部门为了降低甚至解决计算机网络安全隐患而建立了分层评价体系。

一、计算机网络安全分层评价体系的不足之处

防护范围局限。网络安全，主要说的是计算机硬件和软件的安全问题。网络安全涉及用户的方方面面，如个人信息安全、个人账户安全、文件资料传输安全、企业信息安全等。网络技术的成熟程度以及网络管理的规范与否都很大程度上影响着网络安全。因此，提升网络技术水平、规范网络管理、创造良好的网络环境等是至关重要的。如今，计算机网络安全分层评价体系防护范围存在局限性，部分内容分离在保护范围之外，因此存在巨大的安全隐患。比如，在传输资料的过程中往往会携带木马病毒，而且木马病毒的发现也后知后觉，通常只有在发现破坏之后才会意识到。这是目前计算机网络安全分层评价体系存在的不足，加大分层评价体系的保护范围是网络安全工作的重中之重。

功能较为落后。目前现有的安全分层评价体系还面临着一个非常严重的问题就是功能落后。其落后主要说的是在识别新木马和发现新木马方面。目前的安全评价体系在识别新木马方面存在一定的难度，因此难以进行及时的防御。目前的安全评价体系在发现木马方面特别的不及时，通常是在木马病毒已经造成破坏之后才被发现。这两个缺点就使目前计算机网络安全分层评价体系的价值大打折扣。比如，个人计算机与互联网连接后，用户下载文件时，文件携带的木马病毒若没有及时发现，木马病毒潜入电脑之后，个人信息就会面临着被曝光的危险，系统也会面临着被破坏的可能。如果潜入电脑的木马属于远程木马，后果更加不堪设想。在整个破坏过程中，不易被察觉，除非工作人员自己发现异常，通过手动处理，分层评价体系才能发挥其应尽的作用。即使分层评价体系发挥了作用，木马病毒产生的危害也无法弥补。这无疑体现了计算机网络安全分层评价体系的滞后性。分层评价体系的滞后性将会给用户和企业带来不必要的麻烦，甚至造成更严重的损失。因此，提高分层评价体系的功能尤为重要，这可以稳定网络秩序，保障用户的信息安全。

层次建设不完善。层次建设是计算机网络安全分层评价体系的核心，只有层次建设完善了，计算机网络安全分层评价体系才能有效发挥作用。分层评价体系是一个全面的系统，它既包括甄别、处理、反馈、记录等系统，又包括指令、传输、执行等系统。计算机网络安全分层评价体系不但有防护功能，还有处理功能。比如防火墙，防火墙隔离可疑程序，辨别系统判断此程序是否存在安全隐患，执行端会自动将存在风险的

程序删除，将有用的程序反馈给指令中心，然后通过执行端执行。目前的分层评价体系只是单纯地具备隔离可疑程序的功能，其他的功能还不具备。

二、构建完备的计算机网络安全分层评价体系

扩大安全防护范围。加强对计算机网络安全的管理，首先要扩大安全防护范围，只有具备个人信息安全防护、资料传输安全防护、个人账户安全防护、网络管理安全防护等功能的体系才能被称之为完备的计算机网络安全分层评价体系。目前的计算机网络安全分层评价体系还不够完善，无法完成这么多方面的防护，需要在以后的工作中一步步完善。我们就资料传输防护展开，资料传输过程中，无论是用户还是计算机都无法辨别其内容，所以无法提前预知可能存在的风险。我们可以通过在接收端设置防火墙和识别系统，当文件到达用户节点时，都要经过防火墙的检查，可疑文件直接删除。甄别系统可以通过识别木马的类型，判断文件是否携带病毒。比如，链接式木马通常会携带大量的广告，甄别系统会根据这一规律进行识别，在遇到风险时发出警报，然后由用户手动处理。

应用实时监测机制。实时监测机制是指对计算机进行随时随地的监测，使分层评价机制始终处于运行检测状态。当木马病毒侵袭计算机时，实时监测机制可以及时发现并发出警报。实时监测机制不同于防火墙与甄别系统，实时监测机制是防火墙与甄别系统的补充与延伸，通过实时监测系统，计算机可随时察觉到网络安全状态，从而针对网络状态运行相应的程序。木马病毒的侵袭往往是不易被人察觉的，所以甄别系统识别起来存在一定的难度。有许多木马通常会伪装成普通程序的样子侵袭计算机，防火墙在面临伪装后的木马也一时难以识别，所以通常会失效。面对如此难以辨别的木马，实时监测机制就显得强大了许多。实时监测机制看起来与防火墙功能一样，但是它与防火墙相比就显得更加地严格。防火墙只能对可疑文件进行隔离，而实时监测机制可以对任何进入计算机的文件、程序进行监测并发出警报。这样可以及时提醒工作人员。在工作人员没有及时处理的情况下，实时监测机制可以及时反馈给中央处理系统，以便及时处理。实时监测机制使计算机网络更加安全可靠。

完善层次建设。层次建设是计算机网络安全分层评价体系的核心，对于层次建设的完善势在必行。网络技术随着时代不断地发展并且越来越成熟，与此同时，网络攻击的形式也变得多样。面对多种多样的网络攻击，传统的防御技术已经无法满足如今激烈的网络攻击。在应用计算机网络安全分层评价体系过程中，首先要抓防护重点、严格控制访问，在访问过程中用户要按照正确的步骤访问：首先填写用户身份、其次输入用户指令、查验验证信息、账户检测。四个环节缺一不可，无论是哪个环节出现错误，用户都无法进行访问。再次通过网络安全控制和网络权限控制，严格控制用户

下载软件，并能灵活应对非法行为。完善层次建设是维护网络安全的重中之重。

如今，在这千变万化的信息时代，计算机网络技术的应用遍布在人们的生活和工作中，网络安全成为人们最关心的问题，网络安全成为人们最担忧的问题。网络安全事故层出不穷，让人们胆战心惊，人们的网络安全意识也越来越强烈。从目前来看，计算机网络安全分层评价体系的建立一定程度上维护了网络秩序，但由于其存在明显的不足，严重影响网络环境。目前，防护范围局限、功能滞后、层次建设不完善，明显地暴露了计算机网络安全分层评价体系存在的弊端和不足的地方。应力争通过扩大防护范围、应用实时监测机制以及完善层次建设来弥补计算机网络安全分层评价体系的不足，为用户提供一个安全可靠的网络环境，促进互联网的稳定健康发展。要通过完善计算机网络安全分层评价体系的构建，使网络更安全、可靠，使用户避免受到网络攻击，能够安心地利用网络工作和生活，更大程度地实现计算机网络的自身价值。

第四节　计算机网络安全有效维护框架构建

对计算机网络安全维护框架的构建办法进行研究是避免系统内数据丢失或整体系统无法正常运转的关键，为了确保这一框架能在实际应用中发挥出更好作用，本节将首先针对现阶段计算机网络面临的主要威胁进行分析，进而在此基础之上提出对应的安全维护框架，最后一部分则对这一框架的应用方向做了研究。

在计算机技术、网络技术等不断发展的背景之下，网络安全问题也得到了更多关注，而对于本节所讨论的问题来说，由于防护措施不够健全、操作人员安全意识不强等因素，近年来信息安全问题的出现概率越来越高，数据的大量丢失或被盗已对部分企业或单位的正常运转造成了严重影响。为了从根本上解决这样的问题，针对计算机网络安全问题构建完善的维护体系是非常有必要的。结合现状来看，虽然大部分单位已经能针对计算机网络设置一定的安全措施和管理办法，但由于体系不够完善，实际管控过程中仍难以针对无处不在的病毒、黑客等进行预防。为了缓解这样的状况，本节将在后续内容中提出一种计算机网络安全维护框架，并在此基础上对其应用进行研究，以期能为相关单位及安全管理人员提供理论上的参考。

一、现阶段常见的对计算机网络安全造成威胁的因素

（一）病毒

从定义上来说，病毒就是一段能自我复制的代码，而一旦病毒进入计算机网络内部，那么就会迅速在系统内不断传播，进而导致系统内数据和信息的安全难以保障。

除此之外，若不能针对这样的状况迅速做出隔离，那么系统内正在运行的软硬件都会因此而受到影响。

（二）黑客

黑客属于主动攻击，同时具备更强的目的性，若计算机网络防护系统内存在漏洞，那么黑客就很有可能借助这些漏洞进入系统内部，进而窃取或破坏系统内的信息和数据。当然，若保密性较高的数据和信息遭到盗取或破坏，那么对应单位自身也将因此而受到影响，严重情况下将需要承担较大的经济损失。

（三）内部因素

部分病毒可能会伪装成正常文件或网页出现，而若内部人员在操作过程中不具备一定的信息安全意识，不能针对这些内容进行有效核查，那么就会直接导致病毒进入内部计算机网络之中，进而不断传播，造成更为严重的破坏。

二、计算机网络安全维护框架的构建办法

结合上文中的内容，为了更全面地保障计算机网络安全，仅从一个角度出发完成框架构建是不现实的，若能在这一过程中灵活地将模型应用起来，具体框架在实际应用过程中自然能更好地满足计算机网络安全需求。

（一）安全服务

计算机网络系统运转过程中可能遭受到的安全威胁是非常多的，而不同的安全问题通常并不是单独出现的，因此，在计算机网络安全防护框架中，安全服务也应包含多种内容，进而应对不同的场合。这些服务之间实际上也并不是独立的，互相之间存在着紧密的联系，如访问控制这一服务的提供就需要数据库的支持，因此，相关人员应能针对不同的应用环境选取几种安全服务同时应用，以此来更好地保障这些服务的提供能达到提升计算机网络安全性的作用。

（二）协议层次

协议是计算机网络的核心内容，而对于本节所讨论的问题来说，该结构在应用层完成的安全服务较多，传输层与网络层相对较少，链路层及物理层则基本没有应用。为了从协议角度出发提升计算机网络的安全性，相关技术人员可以采用数据源发及完整性检测来保障整体体系结构安全性能的进一步提升。

（三）实体单元

实体单元主要是指计算机网络安全、计算机系统安全、应用系统安全三部分，而具体安全技术的使用也应结合这几个单元来划分，以此来保障不同安全技术都能最大化地发挥出预期作用。另外，对于这一安全维护框架的实际应用来说，具体安

全机制的建立应该是面向所有实体单元的，进而更全面地对计算机网络的安全进行维护。

（四）防御策略

在构建完善的安全防护框架的基础上，防御策略的确定是决定整体框架能否发挥出预期效用的关键，结合现阶段计算机网络体系管理过程中常见的几类安全风险来看，具体安全防御策略中应包含以下几点内容：1.密码系统。在密码系统的作用之下，不同工作人员的操作权限将能得到有效区分，进而很好地对人为因素所导致的安全问题进行加密。2.针对不同网络区域设置防护措施。这里的防护措施主要是指防火墙、访问控制、身份识别等，在这些手段的辅助之下，黑客的非法入侵将能很好地得到隔离。3.入侵检测系统。这一系统能实时地对网络系统内部存在的安全隐患和违反安全策略的行为进行监控，计算机网络系统整体的安全性自然能得到更有效的保障。

三、应用方向

由于安全防护工作相较于病毒入侵或黑客攻击等来说其实是十分被动的，安全防护措施也只能针对已知的病毒或攻击手段进行预防，所以，现有计算机网络安全维护框架实际上并不能完全规避各类信息安全问题的出现，而为了有效避免系统内部数据丢失或被盗用，相关单位则必须能结合自身需求加强安全防护框架中的措施，对不同安全服务进行选择，进而构建更为有效的安全防护系统。结合这些内容，上述安全体系主要的应用方向如下：

（一）端系统安全

从定义上来说，端系统安全主要是指在网络环境下保护系统自身的安全。从这一内容出发，相关人员在构建安全防护系统的过程中只需要利用各类安全技术来保障信息的正常传输即可。身份识别、访问控制、入侵检测等都能有效辅助这一工作的开展，进而从安全机制入手保障系统自身的安全性。银行等单位常用的 UNIX 系统就属于此类。

（二）网络通信安全

网络通信安全体系的构建应包含以下：首先，对于网络设备的保护来说，相关人员应能从此类设备应用过程中涉及的网络服务、网络软件以及通信链路等方面入手，针对这些内容设置不同的安全防护措施，从而保障网络设备能在通信过程中正常运转。其次，对于网络分层安全管理来说，具体的安全管理办法应包含数据保密、认证、访问控制等技术。

（三）应用系统安全

对于部分单位内的传统应用系统来说，此类系统自身不能提供安全服务，而要结合本节所提出的安全防护框架，实际应用过程中只需要设置应用层代理就能在此类系统中添加安全服务，从而达到保障应用系统安全的目的。另外，由于应用系统自身具备非常强的独立性，而本节所提出的框架则能对其提供统一的服务标准，为实际的安全管理工作提供便利，整体系统的安全性自然能得到更好的保障。

综上所述，在对现阶段计算机网络面临的主要安全威胁进行分析的基础之上，本节主要从安全服务、实体单元、层次协议三个维度对具体安全防护体系框架的构建办法进行了深入探讨，进而在此基础上从端系统、网络通信以及应用系统的安全三方面对这一框架对应的应用方法进行了分析。在后续发展过程中，相关单位必须要进一步将计算机网络安全问题重视起来，并结合自身需求构建完善的安全防护体系，避免系统内的数据或信息遭到盗用或损坏。

第五节　数据分流的计算机网络安全防护技术

伴随互联网技术的广泛普及，在当前信息化社会的发展过程中引入了全新的"基于数据分流"概念。计算机网络在基于数据分流时代的发展过程中出现了很多网络安全问题，因此加强当前我国计算机网络安全就显得极其重要。本节将针对当前基于数据分流时代背景下，计算机网络安全的有关问题进行简单分析，并针对发现的计算机网络安全隐患提出一些切实可行的防范措施。

当前计算机网络技术在基于数据分流时代的背景环境下获得了极快的发展，基于数据分流的普及使当前大量的数据信息在互联网中传递、共享。也正因为基于数据分流的普及使用导致当前的计算机网络出现了多种安全隐患。据相关数据统计表明，近年来我国计算机网络犯罪现象逐年增加。因此，要加强当前我国计算机网络安全工作。

一、数据分流

仅以字面意思理解基于数据分流就是大量的数据信息。实际上分析处理能力适用于物联网设备位置固定和低速移动的场景。典型的位置固定的物联网设备包括智能抄表、环境监控设备等。在物联网设备位置固定的场景中，设备发送的数据量小，设备与基站之间通信的数据量往往很小，且以设备上传数据到基站的形式为主。对于这类静态场景，由于设备和基站的位置相对固定，通信链路状态发生改变的幅度一般较小，所以无须频繁调整传输的配置。

二、计算机网络安全及潜在威胁

由于当前网络数据传播采取重复发送数据的方式提高对链路衰减的应对能力，这导致同一个覆盖，增强等级不同，设备的路径损耗值会出现比较大差异。为处于统一覆盖增强等级下对应衰减差异大的设备配置同样的重复次数进行数据传输是不合理的。从信号衰减角度来看，可将链路状态划分为若干覆盖增强等级，通过判断当前物联网设备所处覆盖增强等级，进行重复次数的选择。与此同时，希望利用重复次数的设定，区分重要性和不同数据的传输优先级，提高所传输数据能带来的平均增益。

三、基于数据分流时代下计算机网络安全问题

当前针对物联网静态场景存在的以上问题，首先设计一种面向更优覆盖的 NB-IoT 数据重复发送机制，在此基础上构造数据重复次数的静态场景选择算法。要对覆盖增强等级进行细分，充分使用物联网设备当前所处的信道状态信息，灵活选择一个当前最优的重复次数，避免传统方法选择固定重复次数带来的低效问题。因此，为了更加适应对传输质量的要求，在同等条件下，考察数据流中数据的重要性，为重要数据分配高优先级。不同优先级的数据采用不同的重复次数，通过提供高优先级数据的重复次数，保障其高效传输。

信息安全：当前基于数据分流背景环境下，现有协议对覆盖增强等级的划分是粗粒度的，即等级之间的间隔很宽，部分设备将面临低传输速率或高误块率的问题。与此同时，上行的数据流中，部分数据在描述设备上下文、反馈环境状态中有着更重要的作用。

人为操作不当引发的安全隐患：对于上行链路而言，试图通过提升发射功率提升功率谱密度的方法受到物联网设备功率的限制，因此重复发送技术成为实现覆盖增强的突破口，即对同一个资源单元复制多份进行发送。通过提高控制消息和业务数据在空口信道上的发送次数，信号的覆盖能力和穿透能力得到了提升。即使在信道状态很差的小区边缘，通过提升重复发送的次数和使用单频传输，也不符合 NB-IoT Control Plane CIoT EPS 物联网模块低功耗、低成本的要求，而且 NB-IoT 的载波带宽也受到物理结构的限制。设备也能与基站正常通信。但是提升重复发送次数也会带来系统性能的降低，重复次数增加一倍，发送的数据量也增加一倍，导致数据传输速率降低、能耗增加、占用过多系统频谱资源等问题。

黑客攻击：黑客进行网络入侵会导致对应损耗值较小的设备过多地重传数据，降低总体的数据传输速率；而如果选择路径损耗较小的值对应的重复次数，路径损耗较大的设备传输过程中的错误率会很高。实际上，当同一个覆盖增强等级内不同物联网

设备与基站距离相差比较大时，为了保证各个位置所有用户的正常通信，在 NB-IoT 现有的重复次数选择方法中，重复次数根据物联网设备所处的覆盖增强等级选择。在通过下行测量确定覆盖增强等级之后，基站和用户终端会根据覆盖增强等级选择对应的信息重复发送次数。

感染网络病毒：互联网的自由开放除了 NB-IoT Control plane CIoT EPS 定义了三种不同的覆盖增强接入等级，分别对应 Control plane CIoT EPS 最大耦合损耗，然而根据 MCL 将覆盖范围划分成三个等级是粗粒度的，因为每个等级下对应着 Control plane CIoT EPS 的损耗区间。往往会选择一个较高的重复次数作为该覆盖增强等级的重复数。因此信道状态较好的物联网设备选择了一个高于其的重复次数。

网络管理不到位：由于覆盖增强等级划分粒度粗，NB-IoT Control plane CIoT EPS 传统重复次数选择方法不能兼顾不同物联网设备的数据传输速率和误块率。需要设计一种新的方案选择更合适的重复次数。

四、基于数据分流时代下计算机网络安全防范措施

防火墙和安全监测系统的应用：在基于数据分流时代，数据重复次数静态场景选择算法由两部分组成，分别是细粒度的重复次数选择算法和面向多优先级数据的重复次数优化算法。面向多优先级数据的重复次数优化算法设计部分，针对优先级不同的数据，设置不同的重复次数选择方案，提高优先极高的数据的重复次数，降低优先级低的数据的重复次数，期望在整体上通过调整重复次数的分配，提高数据传输的平均收益。面向静态场景的 NB-IoT 数据重复发送机制的流程如下：首先对覆盖增强等级进行细粒度划分，所谓细粒度的重复次数选择算法即是针对 NB-IoT UE-MME-SGW/PGW 传统重复次数选择方法的弊端，将覆盖增强等级进行更细粒度的划分，从而使物联网设备选择更合适的数据重复发送次数。将细粒度划分的 MCL 区间与重复次数形成映射关系，得到基于经验的重复次数选择策略，即可以根据该策略选择重复发送次数，然后设计重复次数选择策略。然而，路径损耗是算法的输入，其值根据用户终端下行测量的信号强度值即 RSRP UE-M-ME-SGW/PGW 值决定，即如何根据链路状态选择合适的重复次数。重复次数是输出，给出的是当前路径损耗状态下最合适的重复次数。可以给人们创造一个更加安全、健康的计算机网络环境。

加强对黑客入侵的防范：在基于数据分流背后 NB-IoT Control plane CIoT EPS 的覆盖目标是在 GSM 基础上覆盖增强 20 dB，达到 164dB。而传统方法是根据最大耦合损耗分别为 144dB、154dB 和 164dB 进行划分覆盖增强等级的。在一次通信中，物联网设备选择的重复次数是根据所处的覆盖增强等级选择的。在 NB-IoT 传统方法中，覆盖增强等级分为三个等级，使得不同等级对应的重复次数相差比较大，当物联网设

备处于某个覆盖增强等级内，该设备就会选择这个覆盖增强等级对应的重复次数，因此覆盖增强等级是刻画链路状态的一个最佳标准。

杀毒软件的使用：在基于数据分流路径损耗的计算，可以参考物联网设备确定覆盖增强等级的强度。NB-IoT 设备通过测量 NRS 来获取小区下行信号强度值，即 EMM-CONNECTED 状态值。EMM-CONNECTED 状态计算过程和确定覆盖增强等级中描述的一致，设备通过测量多个 NRS，然后取平均值得到最终的 EMM–CONNECTED 状态。再根据 EMM-CONNECTED 状态计算相应的路径损耗值（dB）。

强化信息存储和传输的安全保障：基于描述是针对所有数据的一种通用的选择 EMM-CONNECTED 状态的方法，可以保证处于相同信道状态的物联网设备发送数据时选择相同的 EMM-CONNECTED 状态。在实际应用中，数据的重要程度存在差异。例如，智能手环可以提供健康监测数据与日常记步数据，相比之下，健康监测数据的重要程度更高；视频编解码中的 I 帧是帧内压缩编码的重要帧，核心网网元 TAU（Tracking Area Update）IP 协议也对服务类型做了区分，用核心网网元 TAU（Tracking Area Update）IP 协议报文的优先级。对于这些重要程度不同的数据，在相同信道状态下，如果采用传统的重复次数选择算法，将得到相同的重复次数，传输过程中的数据传输成功率也是相同的，但是重要程度高的数据不能得到更高的传输质量保证。

综上所述，当前基于数据分流环境下计算机网络安全依然存在多种不同类型的安全隐患问题，上述归纳总结的方案和措施，希望可以被广大计算机使用者所熟知。净化网络环境，人人有责，我们要坚决打击盗取网络数据信息、攻击其他用户计算机网络的恶劣行为。

第六节　计算机网络安全建设方案解析

网络环境的可变性和复杂性以及信息系统漏洞决定了计算机网络安全威胁的客观存在。由于中国对世界越来越开放，因此需要建立防护墙，加强安全监督。近年来，随着网络安全事件的发生，人们越来越多地意识到信息化时代带来的信息安全问题涉及人们生活的各个方面。

一、计算机网络安全建设相关理论

计算机网络安全建设概括：计算机网络信息安全是指使用网络管理和控制技术来防止网络本身和在线传输。输入的信息是有意或意外未经授权的泄露、更改、损坏或由非法系统识别和管理的信息等。现在网络应用程序的普及率越来越高，网络安全就变得更加重要。要想保证网络的安全，国家和企业都需要重视起来，给网络安全提出一些更高的要求。在实际建立的时候，虽然国家和企业知道重视计算机网络安全，但是信息安全在经济上还是有一定的限制，尽管国家和企业都在增加成本，但还是不能解决现在存在的和计算机网络安全建设有关的问题。安全隐患不断增加，给国家的经济带来了严重的损失。另外，因为每个系统里都有不一样的应用程序，所以不能用简单的网络安全方案来解决问题，也不能用这个简单的程序来解决问题。现在互联网信息安全的标准还没有公开，这也和行业之间的特点有密不可分的关系。

计算机网络安全机制：随着计算机网络技术的应用越来越广泛，其在企业中的作用越来越重要，企业信息的安全性也备受关注。计算机网络安全保护可保护企业资源的安全，例如计算机硬件、软件和数据等，并确保这些资源不会因外部恶意入侵或物理原因而损坏、泄露或更改，从而确保企业的可靠性网络资源和信息与数据的完整性。要确保网络的安全性和完整性，通常必须通过计算机网络安全机制来实现，其中包括访问机制，确认进入计算机网络系统的用户是授权用户未经授权的用户，不能进入信息传输系统和处理系统，也不能修改信息。效益验证代码应在对方收到数据时验证数据，并验证数据是否已更改。

二、计算机网络安全风险分析及病毒防护

计算机网络安全风险：在建立网络信息系统和实施安全系统的时候一定要全面考虑以下内容：网络安全、信息安全、设备安全、系统安全、数据库安全、网络安全教育和网络安全检查、技术培训以及计算机病毒防护等，通过这些就可以实现网络系统安全。尽管网络安全保护必须尽最大努力保护网络系统中的信息资产免受威胁，并考虑所有类型的威胁，但由于网络安全技术的当前总体开发水平和诸多因素的限制，绝对安全保护是不可能实现的，因此应最大化地降低风险。

病毒防护：攻击者可能会窃取并篡改局域网中的内部攻击，这些攻击包括设备内网络数据传输线路之间的窃听威胁以及登录密码和某些敏感信息。

如果在整个过程中没有安全控制数据的软件，就会影响所有通信数据发送，在数据发送的过程中任何人都能获取通信的数据，攻击者在攻击的时候就会非常的方便。攻击者通过篡改机密的方式来破坏数据库的完整性。所以，在数据输送的时候一定要做好加密处理。加密处理不仅能够保证网络数据传输的安全，还能增加数据传送的保密性，最终达到保护系统关键信息数据的传输安全的目的。在日常生活中常见的计算机防病毒软件包括金山毒霸、360等。

动态口令身份认证系统及实现：在设计动态口令验证系统时，每个正确的动态口令只能使用一次，所以在发送验证过程中，不必担心第三方窃听到。如果服务器验证

了正确的密码，则数据库将具有相应的日志记录，如果使用正确的口令的用户发送验证，则无法通过验证。动态口令系统的这个功能使拦截攻击变得不可能，动态口令使用带有加密位的数据处理器来防止读取图形算法程序，具有很高的抗攻击能力。每个用户使用的密钥都是在使用之前随时生成的，这样能够更好地保护密钥的安全。如果在传输的过程中有人篡改数据中的信息，密钥就会马上消失。就算在攻击的时候解密了程序，攻击者也不能知道用户的密钥，数据的信息也不会被攻击者盗走。所以要想保护数据信息就需要设计好动态口令系统，这样就可以保护数据的安全。要想真正实现动态口令和身份验证就需要先建立一个动态口令、控制台、服务器等。口令主要分为软件级别和硬件级别两种。因为令牌都是随机生成的，所以一般都需要用户随身携带，随身携带的令牌黑客很难得到，也不容易跟踪。在建立口令的时候需要根据不同安全级别的要求来给用户提供相应的访问权限设置，这样就可以增加用户验证的难度和密码，保证用户使用的安全。用户在使用的时候可以通过身份验证系统和应用程序来进行连接，用户使用起来也非常方便，不会影响到用户正常的办公，对于其他人来说，由于随机性，追踪信息是非常困难的。

三、计算机网络安全建设防火墙

防火墙概述：现在网络安全技术中最受欢迎的就是防火墙技术，防火墙技术的核心内容就是在不安全的网络环境里面建立相对安全的子网环境。防火墙在使用的时候能对两个网络之间进行连接和控制。防火墙主要就是网络和 Internet 之间传输信息的保护。防火墙是一个隔离控制技术，防火墙的使用能够保证网络和网络安全域的信息。防火墙在使用的时候需要根据企业的安全策略控制信息的流动进行设置，让其具有强大的防攻击能力。在使用的时候还可以通过检查入口点的网络通信数据来设置相应的安全规则，尽可能地给网络数据通信提供更多的安全。

计算机网络安全建设防火墙部署：防火墙是建立在 Internet 和内部系统之间的一种隔离方案，防火墙也是目前为止最常见、最简单的一种部署方案。此外，系统还具有一个或两个防火墙层。防火墙位置设置在系统之间，这意味着一些系统的外部访问权限（当然，在互联网和内部系统之间设置防火墙，设置一个位置，设置一个防火墙）可以有效地提高安全系数，但缺点是在合法访问期间只有两个防火墙可以访问内部机密信息。

近年来，网络环境越来越复杂，越来越多的公司和部门使用互联网进行信息传递。在基本数量增加的过程中，有几个安全内核技术跟不上时代发展的例子，因为在实际工作中没有相应的认识，所以这些对象是网络攻击者经常使用的地方。

现在整个社会都在讨论和网络信息安全有关的话题，这已经得到了企业和政府部门的高度重视。计算机网络在使用的时候最需要注意的就是网络信息的安全，如果不能保证安全，不仅会影响到计算机的数据安全，还会引起整个社会的恐慌。现在最主要的就是要保证国内的网络安全。保证计算机网络安全的路很长，其中会涉及很多和信息安全有关的技术问题。目前，我国在信息安全产品研究上还有很长的路要走，还需要研究出更多先进的核心技术来支持计算机网络安全的建设。希望在未来的日子里能够研究出更多更好的技术来建设计算机网络安全。

第七章　操作系统的开发及应用

随着计算机技术的进步，计算机应用日益普及。计算机在科学研究、人类活动以及社会生活的各个领域得到了广泛的应用，从办公自动化到数据、图像处理，从工业控制到科学计算，从远程教育到电子商务……计算机应用无处不在，无处不有！当前，大量的计算机应用并不是局限在单机系统上，而是更多地运行在并行计算机、局域网络、甚至广域网的环境上。人们越来越多地与复杂的应用环境打交道，越来越多地与计算机打交道。那么，人们如何与计算机交往？计算机如何根据应用的需要去管理繁杂的数据和各类资源？它又是如何处理大量的用户和应用提出的请求？这些都涉及计算机系统资源的管理、多用户多任务活动的处理。这些与系统有关，大量的工作都是由配置在计算机上的一个重要系统软件——操作系统来解决的。现代的计算机几乎没有不配置操作系统的。那么，操作系统是什么，有什么特点，能做些什么，它在计算机系统中的地位如何，它的功能又是如何实现的？

第一节　操作系统概述

一、计算机系统的组成与操作系统的位置

（一）计算机系统的组成

计算机系统是一个整体概念，不论是大型机、小型机还是微型机，都是由两大部分组成的：计算机硬件部分和软件部分。

硬件指的是组成计算机的任何机械的、磁性的、电子的装置或部件。硬件也称为硬设备，它由中央处理机（CPU）、存储器、输入/输出（I/O）设备等部分组成。CPU还包含若干个寄存器，用来存储一些暂时的结果和其他控制信息。每一个寄存器都具有特定的功能，其中，有一个很重要的寄存器称为程序计数器（PC），它指示下一条应该执行的指令的地址。

存储器是计算机存储程序和数据的部件。它分为主存储器（简称主存或内存）和辅助存储器（简称辅存或外存）两类。主存储器是中央处理机可以直接读、写信息的

存储器,是计算机处理信息的工作场所。主存储器现在一般由集成电路芯片组成,它的存取速度比较快。辅助存储器能保存大量的数据信息,它容量大、价格较主存储器便宜,但存取速度较慢。辅存上的信息不能被中央处理机直接存取。如要使用必须先送入主存,然后才能被 CPU 使用。

输入 / 输出设备则是完成信息传输任务的设备。当某一问题需要计算机进行处理时,必须先给定程序和初始数据,这些程序和数据通过输入设备进入计算机。在程序运行过程中或结束后,必要的数据信息或计算结果要通过输出设备传送给用户。为了满足不同应用的需要,输入 / 输出设备的品种是多种多样的。

任何应用或用户使用计算机时,面对的绝不是裸机这种工作环境,而是配置了操作系统和其他应用软件的计算环境。因为裸机上没有任何一种可以协助它们解决问题的手段,只提供最低级的机器语言。为了对硬件的性能加以扩充和完善,为了方便用户上机,在裸机外添加了能实现各种功能的软件程序。在这些软件中有一个很重要的软件系统称为操作系统,它管理系统中所有的硬、软设备,并组织整个计算机的工作流程。

软件一般可以分为以下几类。

系统软件:操作系统、编译系统、程序设计语言、连接装配程序、系统实用程序等。

工具软件:各种诊断程序、检查程序、引导程序等。

应用软件:应用程序、软件包(如数据统计软件包、运筹计算软件包等)。

通常,将与计算机系统密切相关的程序称为系统程序,这样,就可以将工具软件划归到系统软件范畴。而应用程序则是为各种应用目的而研制的程序。

裸机是计算机系统的物质基础,没有硬件就不能执行指令和实施最原始、最简单的操作,软件也就失去了效用;而若只有硬件,没有配置相应的软件,计算机就不能发挥它潜在的能力,这样硬件也就没有活力。因此,硬件和软件这二者是互相依赖、互相促进的。只有软件和硬件有机地结合在一起的系统,才能称得上是一个计算机系统。操作系统将系统中的各种软、硬资源有机地结合成一个整体,使计算机真正体现了系统的完整性和可利用性。

(二)操作系统在计算机系统中的位置

计算机系统是由硬件和软件两大部分组成的一个完整的系统。由所有硬件组成的裸机处于系统的最底层,裸机的外面是软件部分。软件是相当丰富的,根据它们的功能和使用特性,又可以分为两大类:系统软件和应用软件。应用软件是在系统软件的支持下完成各项工作的,所以它应在系统软件的外层。系统软件中操作系统处于核心地位,它负责整个系统的管理和控制,是其他系统软件和应用软件运行的基础,所以,在所有软件中操作系统处于最内层并直接与裸机相接,与计算机硬件的关系最为密切。

（三）操作系统与硬件及其他软件的关系

在计算机系统中，操作系统位于裸机之上、所有软件最内层，所以，它与计算机硬件和其他软件都有着密切的联系。

首先，操作系统是裸机上扩充的第一层软件，负责所有硬部件的分配、控制工作。如负责中央处理机（CPU）、主存储器、磁盘、打印机、显示器、键盘等设备的分配，以及设备的驱动和存取，使它们在操作系统控制之下正常、有效地工作。

其次，操作系统与其他系统软件和应用程序是一种管理与被管理、调用与被调用的关系。所有软件都在操作系统的管理和控制之下运行。另外，操作系统与其他系统软件，如各种程序设计语言及相应的编译程序、连接装配程序、各种服务性程序和标准程序一起为应用程序提供一个运行环境。

计算机硬件、操作系统和其他系统软件及应用软件共同工作，为用户提供了良好的工作环境。在这三个部分中，操作系统是系统的控制中心，它管理和控制硬件的工作，控制和调度各种系统软件。但在操作系统之上运行的还必须有其他系统软件和应用软件，当系统提供丰富的系统软件和应用软件时，用户才能更方便、直观地使用计算机。

裸机是操作系统运行的基础和环境，它的体系结构对操作系统实现技术和方法有一定的束缚和制约；而用户或应用软件对操作系统又会提出各种服务要求，这些因素对如何确定操作系统功能、如何实现操作系统的功能将产生极大的影响。

二、多道程序设计技术与分时技术

操作系统在现代计算机中起着相当重要的作用。它是因客观需要而产生，是随着计算机技术的发展和计算机应用的日益广泛而逐渐发展和完善的。它的功能由弱到强，在计算机系统中的地位也不断提高，以至于它成为系统的核心。研究操作系统的形成和发展要用一种历史的观点去分析，以便从中体会到操作系统产生的必然性和促使它发展的根本原因。

（一）操作系统发展的阶段

第一台电子计算机于 1946 年问世。此后，计算机在其运算速度、存储容量、外部设备的功能和种类等方面都有了惊人的发展和进步。人们通常按照元件工艺的演变把计算机的发展过程分为 4 个阶段：

1946 年—1955 年 第一代计算机（电子管）时代。

1955 年—1965 年 第二代计算机（晶体管）时代。

1965 年—1980 年 第三代计算机（集成电路）时代。

1980 年至今第四代计算机（大规模集成电路）时代。

计算机现在正向着巨型化、微型化、网络化、智能化几个方向发展。与计算机硬件发展同步，为适应客观应用的需要，操作系统也经历了如下的发展阶段：

第一代计算机 手工操作阶段（无操作系统）。

第二代计算机 批处理（早期）、执行系统。

第三代计算机 操作系统形成——批处理操作系统、分时操作系统、实时操作系统。

第四代计算机 具有图形化操作界面的个人计算机操作系统、网络操作系统、分布式操作系统。

在手工操作阶段，没有任何软件，人们通过物理地址编程、人工操作方式使用计算机。随着主机的速度提高后，由于人工操作的慢速度严重影响了计算机效率的发挥，为解决人—机矛盾出现了批处理系统。当主机速度不断提高，硬件产生了通道技术、中断技术后，又出现了能支持 CPU 与外部设备并行操作的批处理系统。但不久发现，这种并行是有限度的，并不能完全消除中央处理机对外部传输的等待。因为，在单道程序工作中，在其进行 I/O 处理时，处理机必然处于空闲状态，其原因是程序的输入 / 输出与本道程序相关。为了充分挖掘计算机的效率，必须在计算机系统主存中存放多道程序，使其同时运行，这就是多道程序设计技术。在批处理系统中采用多道程序设计技术就出现了多道批处理系统、分时系统。这两类操作系统的出现标志着操作系统的形成。

多道程序设计技术是现代操作系统实现技术的基础。现代操作系统都提供多用户、多任务的运行环境，它的核心是具备支持多个程序同时运行的机制。在操作系统发展过程中，多道程序系统是十分关键的发展阶段，因为，它提出了多道程序设计的概念和解决多道运行的一种方法，使操作系统向着具备多任务并发和资源共享特征的方向发展。

（二）多道程序设计技术

1. 什么是多道程序设计技术

为了了解多个程序同时进入计算机系统时的运行情况，首先讨论单道程序的运行。当单道程序进入计算机系统后，它需要在中央处理机（CPU）上运行，也可能需要进行 I/O 工作（例如输入一批数据），这时需请求操作系统服务。操作系统帮助启动输入设备，进行数据输入工作，这时输入设备忙碌而中央处理机空闲等待。当数据输入完成后，由操作系统进行 I/O 完成处理后返回用户程序继续计算。

当外部设备进行传输工作时，CPU 处于空闲等待状态，反之，当 CPU 工作时，I/O 设备又无事可做。这说明，计算机系统各部件的效能没有得到充分的发挥，其原因在于主存中只有一道程序。在计算机价格十分昂贵的 20 世纪 60 年代，提高设备的利用率是首要目标。为此，人们设想能否在系统中同时存放几道程序，这就引入了多道程序设计的概念。

用户程序 A 首先在处理机上运行，当它需要从光标记阅读机输入新的数据而转入等待时，系统帮助它启动光标记阅读机进行输入工作，并让用户程序 B 开始计算，直到程序 B 需要进行输入或输出处理时，再启动相应的外部设备进行工作。如果此时程序 A 的输入尚未结束，也无其他程序需要计算，则处理机就处于空闲状态，直到程序 A 在输入结束后重新执行。若当程序 B 的 I/O 处理结束时，程序 A 仍在执行，则程序 B 继续等待，直到程序 A 计算结束请求输出时，才转入程序 B 的执行。在有两道程序执行的情况下，CPU 的效率已大大提高。因此，当有多道程序工作时，CPU 将几乎始终处于忙碌状态。

多道程序设计是一种软件技术，该技术使同时进入计算机主存的几个相互独立的程序，在管理程序控制之下相互穿插地运行。当某道程序因某种原因不能继续运行下去时（如等待外部设备传输数据），管理程序便将另一道程序投入运行。这样可以使中央处理机及各外部设备尽量处于忙碌状态，从而大大提高了计算机的使用效率。

2. 多道运行的特征

多道程序设计技术使得几道程序在系统内同时工作。那么，几道程序怎么能在系统内同时执行呢？应该看到，计算机系统中除中央处理机外，还有各种不同的输入设备、输出设备，虽然对中央处理机而言，一个时刻只能有一道程序在上面运行，但从整个计算机系统来看，CPU、输入设备、输出设备是有可能同时操作的。例如，正在处理机上运行的程序 A 因为要进行输入操作而让出 CPU 给程序 B 运行，当程序 B 运行一段时间后又要求做输出操作，这时，CPU 让程序 C 运行。若程序 A 的输入操作、程序 B 的输出操作没有结束，从整个计算机系统来看，程序 A 正在做输入工作，程序 B 正在做输出工作，程序 C 的计算工作正在进行。从宏观方面来说，这几道程序都处于执行状态，称这几道程序在并发执行。当然，就 CPU 而言，这几道程序实际上是在轮流使用它，当一道程序运行不下去时，CPU 才让另一道程序运行。

综上所述，多道运行的特征是：

① 多道。即计算机主存中同时存放几道相互独立的程序。

② 宏观上并行。同时进入系统的几道程序都处于运行过程中，即它们先后开始了各自的运行，但都未运行完毕。

③ 微观上串行。从微观上看，主存中的多道程序轮流地或分时地占用处理机，交替执行。

3. 分时技术

让操作员（用户）通过控制台（终端）直接操作、控制自己程序运行的操作方式称为联机工作方式。用户十分欢迎这种工作方式。因为，在这种方式下，一方面操作员（用户）可以通过控制台（终端）向计算机发出各种控制命令，使系统按自己的意图控制程序的运行;另一方面，系统在运行过程中输出一些必要的信息，如给出提示符、报告运行情况和操作结果，以便让用户根据此信息决定下一步的工作，这样，用户和机器可直接采用问答方式来完成他的作业，即在人机之间进行"会话"。分时系统采用这种联机工作方式。在分时系统中，一个计算机同许多终端设备连接，每个用户可以通过终端向系统发出命令、请求完成某项工作，而系统则分析从终端设备发来的命令、完成用户提出的要求;之后，用户又根据系统提供的运行结果，向系统提出下一个请求，这样重复上述"会话"过程，直到用户完成预期的全部工作为止。

当一台计算机同时为多个用户服务时，如何能保证各用户发出的命令，计算机都能及时响应，使每个用户都好像独占计算机一样？为达到这一目标，系统必须采用分时技术。

所谓分时技术，是指把处理机时间划分成很短的时间片（如几百毫秒）、均匀地分配给各个联机用户使用。如果某个用户程序在分配给它的时间片用完之前还未完成，则中断该用户程序的执行，等待下一轮继续计算，此时处理机让给另一个用户使用。这样，每个用户的各次要求都能得到及时、快速的响应，好像他独占一台计算机一样。

三、操作系统的定义

计算机系统拥有丰富的硬件、软件资源，操作系统的主要功能是管理这些资源。在高档微型机、小型机或大机器上配置的操作系统大多为多用户、多任务操作系统，其资源管理的功能非常复杂。因为多个用户或多任务共用一个计算机系统时，会产生资源共享的问题，而共享必将导致对资源的竞争。资源竞争是多个计算任务对计算机系统资源的争夺。例如，当某计算机系统配置好后有这样一些部件：一台处理机，两台输入机，一台打印机，一个硬盘驱动器。假定该系统有 4 个用户，当这些用户程序同时投入运行时，它们都要用 CPU 计算，都要输入数据，都要打印结果……因此，必然会出现竞争局面，即竞争占用 CPU 的时间，竞争主存空间，竞争 I/O 设备和存储设备，竞争使用公用子程序等。这种局面是为了充分利用系统资源而必然会出现的。为了使这些用户程序能正常运行和对资源争而不乱，必须有办法将系统资源有效地管起来，并协调各用户程序之间的关系和组织整个工作流程，这些工作就是由操作系统来实现的。

一方面，操作系统有效地管理系统资源以充分发挥它们的作用；另一方面，还极大地方便了用户。如果没有配置操作系统，让用户直接使用裸机，用户将会束手无策。比如，用户要在裸机上运行自己的程序，并在打印机上输出一串字符，那么用户就得自己编写输入 / 输出程序。为此用户要了解这台设备的命令寄存器、数据寄存器的使用方法、设备的启动地址以及如何发启动命令等问题，这些细节对于用户而言是十分麻烦的，用户要这样来用机是不可能的，而且在多用户的情况下也是绝对不允许，因为如果每个用户都能发启动设备的命令，将造成系统混乱。所有这些工作只能由操作系统来做，当配置了操作系统后，用户通过操作系统控制计算机。操作系统是用户和系统的界面，系统内部虽然非常复杂，但这些复杂性是不显现在用户面前的。计算机通过操作系统可向用户提供一个功能很强的系统；用户可以使用操作系统提供的命令，简单、快捷地把自己的意图告诉系统，以完成所需完成的工作。正是由于操作系统卓越的工作，才能既充分地利用系统的资源，又使用户能方便地使用计算机。

综上所述，操作系统是一个大型的程序系统，它负责计算机的全部软、硬资源的分配、调度工作；控制并协调多个任务的并发活动；提供用户接口，使用户获得良好的工作环境。操作系统使整个计算机系统实现了高度自动化、高效率、高利用率和高可靠性，因此操作系统是整个计算机系统的核心。

四、操作系统的功能

操作系统的首要任务是对系统资源的管理。在单用户系统中，资源管理任务相对来说比较简单，而在多用户（多任务）系统中，资源管理的任务要复杂一些，因为它要解决资源共享的策略和方法问题。下面将从多用户（多任务）共用一个计算机系统的角度来讨论操作系统的资源管理功能，因为单用户（单个任务）是所讨论问题的一个特例。当多用户（多任务）共享系统资源时，提出了一些新的问题：竞争 CPU 时间，竞争主存空间，竞争 I/O 设备和存储设备，竞争软件资源，操作系统必须有相应的功能能够解决这些矛盾。

（一）处理机管理

计算机系统中最重要的资源是中央处理机，没有它，任何计算都不可能进行。在处理机管理中，最关心的是 CPU 时间。如何使用处理机时间，多数情况下，计算机为了等待 I/O 操作，而使 CPU 时间浪费几乎一半。为了提高 CPU 的利用率，现代操作系统都支持多用户、多任务的共同运行。对众多用户的算题任务（或称为一道作业），操作系统首先要确定选择哪几个作业进入系统，让它们获得使用处理机的权利，这是处理机的高级调度；而当这些作业进入系统后，它们对应的程序什么时候能真正在处理机上运行，还需要进行处理机的低级调度。这就是处理机的调度层次问题，一般系统具有处理机的两级调度。在进行处理机的低级调度时，同一时刻只能有一个程序在处理机上运行，即采用"微观上串行"的方法，此时，需要解决 CPU 先分给哪个用户程序、它占用多长时间、下一个又该轮到哪个程序执行的问题。另外，还需解决如何让选中的用户程序真正得到处理机的控制权的问题。处理机管理的功能包括处理机的调度层次、确定调度策略、给出调度算法，具体实施 CPU 的分派工作。

（二）存储器管理

在任何一个计算机系统中，第二位缺乏的资源都是主存，对于小型和微型计算机也是如此。若系统采用了多道程序设计技术，则要求存储管理应具备以下几个方面的功能。

1.存储分配和存储无关性

当有多个用户程序同时进入系统，它们各自都需要占用一定的存储空间。这些程序和数据分别安置在主存的什么位置？各占多大区域？这就是存储分配问题。在多用户系统中，为了提高主存空间的利用率，需要实现动态的主存分配，同时可以方便用户的程序开发。

因为任何应用程序都无法预知存储管理部件（模块）会将其分配到主存什么地方，而且程序员也希望摆脱存储地址、存储空间大小等细节问题。为此，用户编程时不用关心具体的物理地址，而是用虚地址或称逻辑地址编程；对系统而言，应采用动态分配方式，即根据当时主存的使用情况确定用户程序在主存中的位置，这就是"存储无关性"的概念。存储管理部件应具有"地址重定位"的能力，也就是要提供动态地址映像机构。

2.存储保护

在多道运行的情况下，主存中可同时存放几道用户程序。为了防止出现某道程序干扰、破坏其他用户程序或系统程序，存储管理必须保证：每个用户程序只能访问各自的存储空间，不能存取、破坏任何其他范围内的信息。这就要求系统提供存储保护的手段。存储保护必须由硬件提供支持，具体保护措施有基址、界限寄存器法、存储键和锁等方法。

3.存储扩充

现代操作系统将系统资源分为两个概念：①物理资源，或称为实资源；②逻辑资源，或称为虚资源。这样处理，既有利于资源的动态分配，又方便用户使用计算机系统的资源。当对主存区分为存储空间和虚拟空间后，操作系统在硬件支持下，实现了主存和辅存之间信息的动态调度，即通过磁盘、磁鼓等辅助存储器去扩充主存空间，实现这种功能的软件技术被称为"虚拟存储器"。而系统要提供这一功能，就必须具备"存储无关性"，即用户编程时，与实际的存储空间无关。

（三）I/O 管理

I/O 管理是操作系统中最庞杂、琐碎的部分，其原因是：① 这部分涉及很多实际的物理设备，它们的品种繁多、用法各异；② 各种外部设备都能和主机并行操作，而且有的设备可被多个程序所共享；③ 主机和外部设备以及各类外部设备之间的速度极不匹配，级差很大。

基于这些原因，设备管理主要解决以下问题。

1. 设备分配

各个用户程序在其运行的开始、中间或结束阶段都可能有输入或输出工作，因此需要请求使用 I/O 设备。在一个系统中配置的设备种类和台数是有限的，一般少于使用者的个数，所以，制定设备分配的策略和实施分配是很重要的。对于设备分配通常有三种基本技术：独享、共享和虚拟技术。

2. 设备的传输控制

设备管理模块要完成用户提出的传输要求，就必须实现设备的传输控制，包括组织使用设备的有关信息，设备启动、中断处理、结束处理等工作。

3. 设备无关性

设备品种繁多，用法各异，为了方便用户的使用，操作系统应避免其复杂性，为用户提供使用方便的 I/O 系统调用。用户可以根据自己的习惯给所需使用的设备指定一个逻辑名字，然后指出要进行的操作、数据传送的源（或目的地），操作系统帮助用户完成所需的传输工作。这里涉及"设备无关性"，即用户在程序中或资源申请命令中使用设备的逻辑名，而与实际设备无关，这称为"设备无关性"。这一特征不但为用户使用设备提供了方便，而且提高了设备的利用率。

（四）软件资源管理

软件资源就是程序和数据以及文档资料的集合。程序又分为系统程序和用户程序，系统程序包括操作系统的功能模块、系统程序库和实用程序。这些系统程序是以文件形式组织、存放、提供给用户使用的。为了实现多个用户对系统程序的有效存取，这些程序必须是可重入的，这比创建多个文件副本要好得多。并且用户为完成自己的算题任务，也需要将程序和数据组织成文件的形式存储起来。

软件资源管理（也就是文件系统）要解决的问题是：为用户提供一种简便的、统一的存取和管理信息的方法，负责对信息的组织，实现文件共享、数据的存取控制和保密等问题，并负责磁盘空间的分配和管理工作。

综上所述，操作系统的主要功能是管理系统的软、硬件资源。这些资源按其性质来分，可以归纳为 4 类：处理机、存储器、外部设备和软件资源。针对这 4 类资源，操作系统就有相应的资源管理程序：处理机管理、存储管理、设备管理和软件资源管理程序。这一组资源管理程序就组成了操作系统这一程序系统。分析这些资源管理程序的功能和实现方法就是操作系统的资源管理观点。

五、操作系统的类型

在操作系统发展过程中，为了满足不同应用的需要而产生了不同类型的操作系统。

根据使用环境和对计算任务的处理方式的不同，操作系统的类型主要有以下几种：批量操作系统、分时操作系统、实时操作系统、个人计算机操作系统、网络操作系统、分布式操作系统。

（一）批量操作系统

批量操作系统是操作系统的一种类型，它将用户提交的作业成批地送入计算机，然后，由作业调度程序选择作业进行运行。这样能缩短作业之间的交接时间，减少处理机的空闲等待时间，从而提高了系统的效率。计算中心大都会配置这类操作系统，若一个计算机上配置了批量操作系统，则称该系统为批处理系统。

批处理系统的主要特征是"批量"。当用户要使用计算机时，必须首先准备好自己的作业，然后交给计算中心。由计算中心的操作员将一批作业送入系统，计算结果也是成批进行输出。作业的执行采用"多道"形式，在作业执行过程中，用户不能直接进行干预。批量操作系统的特点是：系统吞吐量高，能合理搭配作业，选择好的调度算法，可以大大提高系统资源的利用率。但也存在周转时间长、用户使用不方便等缺点。在批处理系统中，周转时间通常是几小时或几天。有的用户作业时间很短，只需几分钟便可做完，但他却要等较长的时间才能得到结果，这对用户来说是不合适的。另外，当用户把作业交给系统后，就不能直接控制作业的运行，了解其运行情况，而且在提交作业之前要对作业的处理进行周密考虑，例如要考虑遇到意外情况时的处置问题，这对用户来说也是比较麻烦和不方便的。

（二）分时操作系统

分时操作系统是操作系统的另一种类型，它采用时间片轮转的方法，使一台计算机同时为多个终端用户服务。对每个用户都能保证足够快的响应时间，并提供交互会话功能。分时系统通过给每个用户提供一个"个人计算机"的方法来提高整个系统的效率。它与批量系统之间的主要差别在于，它采用的是联机工作方式，每个用户通过各自的终端使用计算机。

用户要使用计算机之前，首先进行呼叫，当呼叫成功后，终端即和主机连接上，在终端设备上应有一条引导信息，告诉用户："终端设备与系统已连接好。"这时，终端用户应打入一条"录入"命令，向系统申请录入一个作业。一般录入命令应给出以下参数：用户名、作业名、口令、资源需求等。系统接收命令，检查口令是否合格，资源是否能够满足。如检查通过了，系统在终端上显示"允许录入"，用户就可以进行通信工作了。有的分时系统比较简单，只要输入用户名和口令，当系统检查这两项正确时，即可进行通信工作。在通信这一阶段，用户可以从终端输入作业的有关程序和数据，输入各种键盘命令和系统进行直接的"对话"，以控制程序的运行。最后全部操作完成，用户输入"告辞"命令，退出计算机。

分时系统具有以下特点：

① 同时性。即众多联机用户可以同时使用一台计算机。

② 独占性。分时操作系统采用时间片轮转的办法使一台计算机同时为众多终端用户服务，因此，客观效果是这些用户彼此之间都感觉不到别人也在使用这台计算机，好像只有自己独占计算机一样。一般分时系统在 3 秒之内响应用户要求，用户就会感到满意，因为此时用户在终端上感觉不到等待。

③ 交互性。用户与计算机之间进行"会话"，用户从终端打入命令，提出计算要求，系统收到命令后分析用户的要求并完成之，然后把运算结果通过屏幕或打印机告诉用户，用户可以根据运算结果提出下一步要求，这样一问一答反复运行，直到全部工作完成。

（三）实时操作系统

早期的计算机基本上用于科学和工程问题的数值计算。20 世纪 50 年代后期，计算机开始用于生产过程的控制，形成实时系统。当计算机进入集成电路时期后，由于机器性能提高、计算机系统的功能增强，使得计算机的应用领域越来越宽广。这些应用有炼钢、化工生产过程的控制，航天和军事防空系统中的实时控制。在信息管理方面的应用有仓库管理、医疗诊断、教学系统、气象、地质勘探直到图书检索、飞机订票、银行储蓄、出版编辑管理等。

实时操作系统是操作系统的又一种类型，它对外部输入的信息能够在规定的时间内处理完毕并做出反应。"实时"二字的含义是指计算机对外来信息能够以足够快的速度进行处理，并在被控对象允许的时间范围内做出快速反应。实时系统对响应时间的要求比分时系统更高，一般要求达到秒级、毫秒级甚至微秒级的响应时间。

电子计算机应用到实时控制中，配置实时操作系统，组成各种不同的实时系统。实时系统按其使用方式不同分为两类：

1. 实时控制

在生产过程、武器控制系统、医疗控制等实时应用中，都有被控制的对象。实时控制系统通过传感器或特殊的外围设备获取被控对象产生的信号（如温度、压力、流量等的变化），然后对获得的数字或模拟信号进行处理、分析，做出决策，激发一个改变可控过程活动的信号，以达到控制的目的。

实时响应指的是，从实时信号来临开始，到计算机对该事件加工处理完毕，控制信号到达被控对象这段时间间隔。这一响应时间要足够快，并且要能预测在系统响应、处理过程中的主要开销，这样才能满足实时处理的需要，不然，一旦发生失控，就会出现生命、财产的巨大损失。

2.实时信息处理

计算机还有一类很重要的实时性应用，即组成实时信息处理系统。比如，自动订购飞机票系统、情报检索系统等。这一类应用大多数用于服务性工作，如预订一些飞机票、查阅一种文献资料。用户可以通过终端设备向计算机提出某种要求，而计算机系统处理后将通过终端设备回答用户。

实时系统主要为联机实时任务服务，特点如下：

① 系统对外部实时信号必须做出及时响应，响应的时间间隔要足以能够控制发出实时信号的那个环境。

② 实时系统要求有高可靠性和安全性，系统的效率则是放在第二位。

③ 系统的整体性强。实时系统要求所管理的联机设备和资源，必须按一定的时间关系和逻辑关系进行协调工作。

④ 实时系统没有分时系统那样强的交互会话功能，通常不允许用户通过实时终端设备去编写新的程序或修改已有的程序。实时终端设备通常只能作为执行装置或询问装置。

实时系统大部分是为特殊的实时任务设计的，这类任务对系统的可靠性和安全性要求很高。所以，系统的所有部分通常是采用双工方式工作的。

（四）个人计算机操作系统

20世纪80年代以来，由于微电子技术、计算机技术、计算机体系结构的迅速发展和用户使用计算机的需求量不断增长，使得操作系统沿着个人计算机、视窗操作系统、网络操作系统、分布式操作系统方向发展。

随着微电子技术的发展，使个人计算机的功能越来越强、价格越来越便宜；另一方面计算机应用日益广泛，渗透到各行各业、个人和家庭。在个人计算机上配置的操作系统称为个人计算机操作系统。

在个人计算机（或工作站领域）上有两种主流操作系统：一种是 Microsoft 公司的磁盘操作系统和具有图形用户界面的 Windows 系统，另一种是 UNIX 系统。Windows 操作系统具有图形用户界面、使用直观方便，Microsoft 公司的另一个操作系统是 WindowsNT，它满足工作站平台、局域网超级服务器的需要。而 UNIX 系统是一个多用户分时操作系统，自 1969 年问世以来就十分流行，它运行在高档个人计算机到大型机等各种不同处理能力的机器上，可提供良好的工作环境，具有可移植性、安全性，提供很好的网络支持功能，大量被用于网络服务器。

（五）网络操作系统

一些独立自治的计算机，利用通信线路相互连接形成的一个集合体称为计算机网络。这里要求计算机是独立自治的，即计算机网络中的各个计算机是平等的，任何一台计算机都不能强制性地启动、停止或控制另一台计算机。互连指的是两台计算机之间能彼此交换信息，这种连接不一定必须经过导线，也可以通过激光、微波和地球卫星来实现。

在计算机网络中，每个主机都有操作系统，它为用户程序运行提供服务。当某一主机联网使用时，该系统就同网中更多的系统和用户交流，这个操作系统的功能要扩充，以适应网络环境的需要。网络环境下的操作系统既要为本机用户提供简便、有效地使用网络资源的手段，又要为网络用户使用本机资源提供服务。为此，网络操作系统除了具备一般操作系统应具有的功能模块（如系统核心、设备管理、存储管理、文件系统等）之外，还要增加一个网络通信模块。该模块由通信接口、中断处理程序、通信控制程序以及各级网络协议软件组成。

网络操作系统提供的功能包括：允许用户访问网络主机中的各种资源；对这种访问进行控制，仅允许授权用户访问特定的资源；使远程资源的利用同本地资源一样；提供全网络统一的记账办法；联机提供最近的网络说明资料。

网络操作系统以命令（或称原语）的形式向用户或上层软件提供服务。这些原语可分为用户通信原语、作业迁移原语、数据迁移原语和控制原语 4 类。

（六）分布式操作系统

1. 分布式系统

一组相互连接并能交换信息的计算机形成了一个网络。这些计算机之间可以相互通信，任何一台计算机上的用户都可以调用网络上其他计算机的资源。但是，计算机网络并不是一个一体化的系统，它没有标准的、统一的接口。网上各结点的计算机有各自的系统调用命令、数据格式等。若一个计算机上的用户希望使用网上另一台计算机的资源，他必须指明是哪个结点上的哪一台计算机，并以那台计算机上的命令、数据格式来请求，才能实现共享。

另外，为完成一个共同计算任务，分布在不同主机上的各合作进程的同步协作也难以得到自动实现。因此，计算机网络的功能对用户来讲是不透明的。它存在的问题之一是，在网络上的不同类型计算机中，为某一类计算机所编写的程序如何在另一类计算机上运行；存在的另一个问题是，如何在具有不同数据格式、字符编码的计算机之间实现数据共享。另外，还需要解决分布在不同主机上的诸合作进程如何自动实现紧密的合作。

大量的实际应用要求一个完整的、一体化的系统，同时具有分布处理能力。如在分布事务处理、分布数据处理、办公自动化系统等实际应用中，用户希望以统一的界面、标准的接口去使用系统的各种资源，去实现所需要的各种操作。这就导致了分布式系统的出现。

分布式系统又称为分布式计算机系统或分布式数据处理系统，简称分布式系统。

分布式系统是由多个相互连接的处理单元组成的计算机系统。这些处理单元能够在整个系统的控制下合作完成一个共同的任务，最少依赖集中的程序、数据或硬件。这些处理单元可以是物理上相邻的，也可以是在物理上分散的。

构成分布式系统的处理单元就是一个个独立的计算机系统，这些计算机都有自己的局部存储器和外部设备。它们既可独立工作（自治性），亦可相互合作。在这个系统中，各机器可以并行操作且有多个控制中心，即具有并行处理和分布控制的功能。分布式系统的主要特征是：逻辑上它是单一系统，为用户提供一个透明的用户接口，使用户感觉不到系统是由多台计算机构成的事实。用户需要存取资源时，只要提出需要哪种服务，而不用指明由哪些资源，在哪儿为他服务，用户像使用单机一样地使用分布式系统。这就要求分布式系统具有任务自动划分、任务全局调度、全局资源分配的能力。

分布式系统的基础可以是一个计算机网络，也可以是由特殊的互连结构相互连接而成。关键是在分布式系统中一定含有多个处理单元，能进行并行操作，处理部件之间利用消息通信来进行相互合作。分布式系统不仅是一个物理上的松散耦合系统，而且是一个逻辑上紧密耦合的系统。

目前，分布式应用中有许多采用计算机网络作为硬件结构。分布式系统和计算机网络的区别在于前者具有多机合作和坚强性。多机合作是指自动地实施任务分配和协调。而坚强性表现在，当系统中有一个甚至几个计算机或通路发生故障时，其余部分可自动重构成为一个新的系统，该系统可以工作，甚至可以继续完成其失效部分的部分或全部工作，这叫作优美降级。当故障排除后，系统自动恢复到重构前的状态。这种优美降级和自动恢复就是系统的坚强性。人们研制分布式系统的根本出发点和目的就是追求多机合作和坚强性。正是由于多机合作，系统才取得了短的响应时间，高的吞吐量；正是由于优美降级，系统才获得了高可用性和高可靠性。

2. 分布式操作系统

分布式系统是一个一体化的系统，在整个系统中有一个全局的操作系统称为分布式操作系统，它负责全系统的资源分配和调度、任务划分、信息传输、控制协调等工作，并为用户提供一个统一的界面、标准的接口。用户通过这一界面实现所需的操作和使用系统的资源。至于操作是在哪一台计算机上执行或使用哪个计算机的资源则是系统的事，用户是不用知道的，也就是系统对用户是透明的。

分布式操作系统研究的问题很多，主要包括以下几个方面：分布式操作系统模型与层次结构；分布式资源管理模型、全局资源分配策略和算法；分布式资源存取控制；全局处理机分配及处理机负荷平衡；进程通信机制；数据安全问题；分布式活动的一致性问题。还有分布式命名、分布式死锁检测、系统容错与故障处理等研究课题，在这里不一一列举说明。

分布式操作系统研究的内容非常丰富，有许多是当前研究的热点。许多学者及科学工作者正在进行深入研究，并不断取得研究成果。由于计算机应用的迫切需要，分布式操作系统与分布式系统将日益完善和实用化。

第二节　操作系统用户界面

一、运行一个用户程序的过程

（一）计算机处理应用程序的步骤及作业的概念

任何应用程序要在计算机上运行，都必须经过以下三个步骤：

① 用某种语言（如 C 语言）编制一个程序，这个程序被称为源程序。

② 将源程序和初始数据记录在某种输入介质（如磁盘）上。一般在终端设备（包括键盘、显示器）上直接编辑源程序。

③ 按照一定要求来控制计算机工作，并经过处理最后算出结果。

控制计算机工作的最简单的办法是，由操作员通过控制台（或用户在终端设备上）输入一条条命令。例如，用户可先将源程序通过编辑建立在磁盘上，接着发出"编译"命令，操作系统接到这条命令后，将编译程序调入主存并启动它工作。编译程序将记录在磁盘上的源程序进行编译，并产生浮动目标程序模块。然后，用户再发出"连接"命令。操作系统执行该命令，将生成一个完整、可执行的主存映像程序。最后发出"运行"命令，由操作系统启动主存映像进行程序运行，从而计算出结果。

从这个简单的例子可以看到，计算机好像一个加工厂，当把原材料（源程序和数据）以及加工要求（先对源程序编译、再连接、最后运行等）交给工厂后，它就生产出成品来。这样一个加工过程称为作业。更确切地说，作业是要求计算机系统按指定步骤对初始数据进行处理，并得到计算结果的加工工作。在多道程序运行环境下，一个作业是一个单位，是一个用户的计算任务区别于其他用户的计算任务的一个单位。从这个角度来看，作业是对算题任务进行处理的一个动态过程，但从静态观点来看，作业有其对应的程序和数据。若说将某作业装入主存，指的是将该作业的程序和数据装入主存。

（二）作业步及其相互关系

对源程序和数据的加工过程一般可分为若干个步骤。通常把加工工作中的一个步骤称为作业步。对作业的处理一般有这样几个作业步：编辑（修改）、编译、连接、运行。

1. 作业步

①编辑（修改）。编辑是建立新文件或对原有文件进行修改的工作步。在单用户操作系统或分时系统中，采用联机工作方式。用户可以调用自己熟悉的编辑程序来完成这一工作。现在流行的编辑程序非常丰富。一般，采用全屏幕编辑程序，如 Turbo C、VC(Visual C)、VB(Visual Basic)等。也有采用行编辑程序的，如 UNIX 系统中的 ED 等。

② 编译。编译是将源程序翻译成浮动目标程序的过程。翻译好的浮动目标程序存放在磁盘上。

③ 连接。连接是将主程序模块和其他所需要的子程序和例行程序模块连接装配在一起，成为一个可执行的完整的主存映像文件的过程。

④ 运行。将主存映像文件调入主存，并启动之，最后给出计算结果。

2. 作业步之间的关系

要完成一个应用程序，必须经过上述 4 个作业步。这些作业步是相互关联、按照顺序执行的。作业步之间的关系表现为：

① 每个作业步运行的结果产生下一个作业步所需要的文件。

某用户通过编辑作业步，用 C 语言编写了一个名为 user.c 的源程序，它是第 2 个作业步（编译）的对象；而编译作业步产生的目标模块（user.obj）则是第 3 个作业步的连接对象，经过第 3 个作业步连接装配后形成的主存映像文件（user.exe）是第 4 个作业步运行的处理对象；在第 4 个作业步中，运行该主存映像文件，最终得到运行结果。

② 一个作业步能否正确地执行，取决于前一个作业步是否成功地完成。

若源程序中有错，编译作业步一定不会成功，系统会列出编译中的错误。这时，需返回到编辑作业步，进行修改，修改正确后再进行编译。只有当编译的出错信息为零时才能进行下一个作业步，而只有当连接成功后程序才能投入运行。所以，只有当前一个作业步得出正确的结果后才能进行下一个作业步的工作。

二、什么是用户界面

用户要想把某一算题任务交给计算机完成，最关心的问题是：系统提供什么手段使用户能更方便地描述和解决自己的问题。现代的计算机系统，都是在裸机之上配置了操作系统后，以操作系统虚拟机的面貌呈现在用户面前的。用户通过操作系统来使用计算机，那么，操作系统又以什么样的界面和用户打交道呢？

操作系统的用户界面（或称接口）是操作系统提供给用户与计算机打交道的外部机制。用户能够借助这种机制和系统提供的手段来控制用户所在的系统。

操作系统的用户界面分为两个途径（或称两个类型），一个是操作界面（或称命令界面），用户使用这个操作界面来组织自己的工作流程和控制程序的运行。操作界面有作业控制语言、键盘命令和图形化的操作界面三种形式。操作系统的另一个用户界面是操作系统的程序界面（或称功能服务界面）。任何一个用户程序在其运行过程中，都可以使用操作系统提供的功能调用来请求操作系统的服务（如申请主存、使用各种外设、创建线程等）。

任何一个操作系统都具有程序级与操作级两类界面，而操作界面与操作系统类型有密切的关系，比如，批处理系统提供的操作界面为作业控制语言，因为这类操作系统采用的是脱机处理方式；而分时系统、个人计算机提供的操作界面则是键盘命令或者是图形化的界面，因此这类操作系统采用的是联机处理方式。

操作系统的用户界面在近年来发生了巨大的变化。在图形界面（GDI）技术、面向对象技术的推动下，现在个人计算机操作系统提供图形化的用户界面和 API（用户程序编程接口），这是传统的操作界面和系统功能服务界面在现代操作系统中的体现，这样的界面，让用户使用更为直观、方便、有效。

三、操作界面

操作界面的形式较大程度上取决于相应操作系统的类型和用户上机方式。具有联机操作方式的分时系统和个人计算机系统提供的是键盘命令或图形化用户界面。在这样的系统中，用户可以与系统"对话"，推动程序的处理过程。而具有脱机操作方式的系统（如批处理系统）则提供作业控制语言。在批处理系统中，用户一旦提交了他的作业，就无法对作业运行进行更多的控制。因此，用户必须事先给出一系列明确的指令，指出处理的过程，还可能需要对事先无法预测的情况进行周密的思考，指出当某种情况一旦发生时应做出什么样的处理。

现在，操作界面具有键盘命令和图形化的操作界面。在视窗操作系统中，用户可以方便地借助鼠标等标记性设备，选择所需要的图标，采用点取或拖拽等方式完成自己的操作意图。

有的系统既具有交互作用能力，又具有批处理能力，它就能够提供多种形式的操作命令。下面，首先简单地讨论传统的操作界面：键盘命令和作业控制语言，然后讨论现代操作系统中常提供的图形化用户界面。

（一）键盘命令

分时系统或个人计算机系统提供键盘命令。虽然不同的系统所提供的键盘命令有多有少，但其功能基本上是相同的。一般终端与主机通信的过程可以分为注册、通信和注销几个步骤。

1.注册

使用分时系统的第一件事是注册。注册有两个目的：一是让系统验证用户有无使用该系统的权限，二是让系统为用户设置必要的环境。

分时系统的功能之一是管理计算机资源，以便若干人共享一台计算机。为此，系统为每个用户维持一个独立的环境。它要记住每一个用户的名字、注册时间，还要记住每个用户已经用了多少计算机时间，占用了多少文件，正在使用什么型号的终端等。在个人计算机系统中，不存在注册过程，因为实际地访问这个硬件就证实了用户使用这个系统的权力。

在第一次注册之前，系统管理员必须为用户建立一个账号。从用户角度来说，设置一个账号的主要目的是注册用户名。注册名是用户与系统交互时需要使用的名字。UNIX 和 Linux 系统正是采用了这种方式。在 UNIX 和 Linux 接通终端之后，用户按 Enter 键，系统会显示"login："字样，此时系统要用户输入注册名。当用户输入注册名并按 Enter 键后，系统即核对该系统是否记录了这个用户，并在核对正确后显示"password："，即系统要求用户输入口令（口令是为了证实用户的身份而打入的一个保密字），这时可以输入口令并按 Enter 键。一旦输入口令，系统就会检验它，如果口令错，系统会要求再输入注册名和口令；否则，系统显示一个提示符，表明系统已经准备好，接收用户的命令了。

2. 通信

当终端用户注册后，就可以通过丰富的键盘命令控制程序的运行、申请系统资源、从终端输入程序和数据等。属于通信这一步的键盘命令有以下几类：

① 文件管理。这类命令用来控制终端用户的文件，例如，删去某个文件，将某个文件由显示器（或打印机）输出，改变文件的名字、使用权限等。

② 编辑修改。这类命令用来编辑和修改终端用户的文件。例如删去几行、插入几行、修改几行等。这类命令是重要的，因为当终端用户发现由于某种原因需要修改他的文件时，他可以直接从终端输入命令来修改，而不需要脱机修改，然后再重新输入。

③ 编译、连接装配和运行。这类命令用来调出编译或连接装配程序进行编译或装配工作，以及将生成的主存映像文件装入主存启动运行。

④ 输入数据。终端用户打入输入命令，要求系统接受从终端输入的一批数据。这一批数据一般以文件形式放到后援存储器上。

⑤ 操作方式转换。这类命令主要用来转换作业的控制方式，例如，从联机工作方式转为脱机工作方式。

⑥ 申请资源。这类命令主要用来让终端用户申请使用系统的资源。例如，申请使用某类外部设备若干台等。

3. 注销

当用户使用结束或暂时不使用系统时，应输入注销命令。注销就是通知系统打算退出系统。比如，当要退出 UNIX 和 Linux 系统时，应在 shell 的命令提示符后输入注销命令。注销命令随系统而异，如 Logout 或 control-D 等。当用户注销后，系统将再次显示"login："，即准备接受新用户。

（二）作业控制语言

在脱机方式下，系统提供作业控制语言（JCL）。使用作业控制语言可以书写操作说明书。采用脱机方式时，用户上机前必须准备好作业申请表、操作说明书以及程序和数据。其中，作业申请表是用户向系统提出的执行作业的请求，其内容应包含：作业名、需用 CPU 时间、最迟完成时间、资源请求 [包括主存容量、外部设备台数、后援存储器容量、输出量（打印行数）] 等，指出使用何种语言编译程序。表明用户对作业控制意图的操作说明书则是由一条条对作业处理的命令组成的，如编辑命令、编译命令、连接命令、运行命令等。同时有一些干预命令，它说明了在作业运行过程中发生意外事件时的处理方式。

操作系统根据作业申请表来分配作业所需的资源并注册该作业，通过作业说明书对作业进行运行控制。一般在批处理系统中提供 JCL 语言。

四、图形化的用户界面

随着计算机应用的普及，人们逐渐感到键盘命令的交互方式也不太方便了，因为这种命令是不直观的，是比较难懂的一串串字符命令，还带有各种参数和规定的格式。另外，不同的操作系统所提供的命令语言的词法、语法、语义和表达风格也是不一样的。当一个对 MS-DOS 的键盘命令使用得十分熟悉的程序员要改用 UNIX 时，还得重新熟悉 UNIX 的命令。这种命令语言还存在的另一个问题是，它是用英文表达的语言，对于非英文语种国家的计算机应用的推广会形成一种障碍。但计算机应用发展的势头太快，它迅速地进入了各行各业、千家万户，它面对的用户是不同阶层、不同文化程度的人们。如何使人机交互方式进一步变革，使人机对话的界面更为方便、友好、易学，这是一个十分重要的问题。在这种需求下出现了菜单驱动方式、图符驱动方式直至视窗操作环境。

（一）菜单驱动方式

菜单（Menu）驱动方式是面向屏幕的交互方式，它将键盘命令以屏幕方式来体现。系统将所有有关的命令和系统能完成的操作，用类似餐馆的菜单的方式分类分窗口地在屏幕上列出。用户根据菜单提示，像点菜一样选择某个命令或某种操作，以控制系统去完成指定的工作。菜单系统的类型有多种，如下拉式菜单、上推式菜单和随机弹出式菜单。这些菜单都属于一种窗口模式。每一级菜单都是一个小小的窗口，在菜单中显示的是系统命令和控制功能。

（二）图符驱动方式

图符驱动方式也是一种面向屏幕的图形菜单选择方式。图符（Icon）也称图标，是一个小小的图形符号，它代表操作系统中的命令、系统服务、操作功能、各种资源等。例如，用小矩形图符代表文件，用小剪刀图符代表剪切操作。所谓图形化的命令驱动方式就是当需要启动某个系统命令或操作功能，或请求某个系统资源时，可以选择代表它的图符，并借助鼠标一类的标记输入设备（也可以采用键盘），通过鼠标的点击和拖拽功能，完成命令或操作的选择。

（三）图形化用户界面

图形化用户界面是一种良好的用户交互界面，它将菜单驱动、图符驱动、面向对象技术等集成在一起，形成一个图文并茂的视窗操作环境。微软公司的 Windows 系统就是这种图形化用户界面的代表。

Windows 系统为所有的用户和应用系统提供一种统一的图形用户界面。在系统中，所有程序都以统一的窗口形式出现，提供统一的菜单格式。Windows 系统管理的所有系统资源，例如，文件、目录、打印机、磁盘、网上邻居、进程、各种系统命令和操作功能都变成了生动的图形图像。窗口中使用的滚动条、按钮、编辑框、对话框等各种操作对象也都采用统一的图形显示和统一的操作方法运行。在这种图形化用户界面的视窗环境中，用户面对的不再是单一的命令输入方式，而是各种图形表示的一个个对象。用户可以通过鼠标（或键盘）选择需要的图符，采用点击方式操纵这些图形对象，达到控制系统、运行某一个程序、执行某一个操作的目的。用户将通过这种统一的用户界面使用各种 Windows 应用程序，从而增强控制系统的能力。

图形化的用户界面实际上是操作系统提供的操作命令界面的革新。操作系统提供的另一个接口是针对程序设计者而提供的系统功能服务。Windows 为系统设计者提供 API（应用程序编程接口）函数和系统定义的消息形式。API 函数与传统操作系统提供的系统调用的主要不同点是函数库和动态链技术的支持。

五、系统调用

（一）什么是系统功能调用

操作系统如何在程序级提供服务功能呢？这必须由系统设计者首先编制好能实现用户功能要求的各种例行程序，作为操作系统核心程序的一部分。用户使用操作系统的服务例程时，不能像调用一般的子程序那样随便，因为这些能实现各种功能的例行子程序都是操作系统的程序部分，它运行时，机器处于管理程序状态，而用户程序运行时，机器处于目态。所以，用户程序对这些例行子程序的调用应以一种特殊的调用方式——访管方式来实现。而要实现访管必须有硬件的支持及有关的操作系统功能模块。

1. 自愿进管指令

用户所需要的功能，有些是比较复杂的，硬件不能直接提供，只能通过软件的程序来实现。而有些功能，硬件可以提供，如启动外设工作（机器有用于输入/输出的硬指令）。但配置了操作系统后，对系统资源的分配、控制不能由用户干预，而必须由操作系统统一管理。所以，对于这样一类功能，也需有操作系统来处理。为了实现对操作系统服务功能的调用，现代计算机系统一般提供自愿进管指令，其指令形式为：

SVC-n，其中，SVC 表示机器自愿进管指令的操作码记忆符，n 为地址码。SVC 是 Supervisor Call（访问管理程序）的缩写，所以 SVC 指令又称访管指令，它是一条硬指令。

2. 访管中断

当处理机执行自愿进管指令时会发生中断，该中断类型称为访管中断（或自愿进管中断），它表示正在运行的程序对操作系统的某种需求。

借助中断，使机器状态由目态转为管态。为了使对计算机的控制能转到用户当前所需要的那个例行子程序，指令需要提供一个地址码。这个地址码表示系统调用的功能号，它是操作系统提供的众多的例行子程序的编号。在访管指令中填入相应的号码，就能控制转到特定的例行子程序去执行，以完成用户当前所需要的服务。这样一个带有一定功能号的访管指令定义了一个系统调用。

3. 系统调用

系统调用是用户在程序一级请求操作系统服务的一种手段，它不是一条简单的硬指令，而是带有一定功能号的"访管指令"。它的功能并非由硬件直接提供，而是由操作系统中的某一段程序完成的，即由软件方法实现的。

用户可以用带有不同功能号的"访管指令"来实现各种不同的功能。可以这样说，系统调用是利用"访管指令"定义的指令。操作系统服务例程与一般子程序的区别在于，操作系统服务例程所实现的功能都是与计算机系统本身有关的，对操作系统服务例程的调用是通过一条"访管指令"来实现的。

系统调用是操作系统提供的程序界面，在不同的程序设计语言中系统调用形式可以不同，有显式调用和隐式调用之分。在汇编语言中是直接使用系统调用对操作系统提出各种要求，因此在这种情况下，系统调用具有汇编指令的形式。而在高级语言中一般是隐式的调用，如 C 语言中的 printf 语言句，就是在 C 程序语言中请求操作系统输出字符串的系统调用。在高级语言中的隐式调用，经编译后会转换成汇编级的直接调用形式。

不同的计算机系统提供的访管指令形式不同，由它们定义的汇编一级的系统调用的形式也就不同。如 IBMPC 机提供的软中断指令为"intn"，其中 n 为中断类型号，由它定义了不同的软件中断。软件中断可调用"管理程序调用"，也就是请求操作系统服务。其中 21H 中断类型中又包含了 DOS 丰富的系统功能调用。又如，IBM360/370 机器中访管指令的形式为"svcn"，PDP 系列机的访管指令为自陷指令"trapn"等。

（二）系统功能调用的分类

系统调用是操作系统提供给程序员的接口，程序设计人员在编写程序时，可以利用系统调用来请求操作系统服务。操作系统提供的系统调用是十分丰富的，按其功能可分为以下几类：

① 设备管理。设备管理系统调用被用来请求和释放设备，以及启动设备操作等。

② 文件管理。文件管理系统调用包括创建、删除文件，读、写文件以及移动文件指针等操作。

③ 进程控制。进程是程序在处理机上的一次执行过程。进程控制功能负责进程状态的变化。用于进程控制的系统调用有进程创建、进程撤销、进程等待、进程唤醒等。

④ 进程通信。进程通信的系统调用包含进程间传递消息以及信号的系统调用。

⑤ 存储管理。存储管理系统调用包含主存块的申请、释放，获取作业占用主存块的首址、大小等。

不同的系统为用户提供的系统调用的数量或形式是不同的。一般的系统能够为用户提供几十到几百条系统调用。

第三节　进程及进程管理

一、为什么要引入进程的概念

为了提高计算机系统的效率和增强计算机系统各部件的并行操作能力，计算机系统中必须同时存放多个应用程序，操作系统应能同时处理多个正在执行的应用程序。传统的程序设计方法涉及的概念是"程序"，处理方法是程序的顺序执行。但程序的概念不能体现"并发"这个动态的含义，程序的顺序执行也决不具备并发处理的能力。为了描述操作系统的并发性，人们引入了一个新的概念——进程。为了讲清进程的概念，必须了解为什么要引入这个概念。下面就从程序的顺序执行、程序的并发执行讲起。

（一）程序的顺序执行及特点

人们在和计算机打交道时，通常使用"程序"这一概念。程序是指令的有序集合，是一个静态的概念。但一个程序必须经过处理才能得到最终的结果。一个程序的执行过程就是一次计算，这是一个动态的过程。若一个计算过程由若干操作组成，而这些操作必须按照某种先后次序来执行，则这类计算过程就是程序的顺序执行过程。

顺序程序的操作是一个接一个地以有限的速度进行的，每次执行一个操作，只有在前一个操作完成后，才能进行其后续的操作。由此产生顺序程序的如下特点：

① 顺序性。当顺序程序在处理机上执行时，处理机的操作是严格按照程序所规定的顺序执行的，即每个操作必须在下一个操作开始执行之前结束。

② 封闭性。程序一旦开始执行，其计算结果将会不受外界因素的影响。因为是一道程序独占系统各种资源，故这些资源的状态，当初始条件给定以后，其后的状态只能由程序本身确定，亦只有本程序的操作才能改变它。

③ 可再现性。程序执行的结果与它的执行速度无关（与时间无关），而只与初始条件有关。只要给定相同的输入条件，程序重复执行一定会得到相同的结果。

（二）程序的并发执行及特点

1. 什么是程序的并发执行

为增强计算机系统的处理能力和提高机器的利用率，在现代计算机中普遍采用同时性操作技术，即并行操作技术。之所以并行操作是可能实现的，是因为计算机系统有多个物理部件；同时有许多计算可以在不同的部件上同时进行。值得一提的是，现在常将在单机系统中的多个程序的并行执行称为并发执行。

例如，在 Windows 系统中，可以同时打开发送邮件、文件编辑、听音乐等多个窗口，即有多个应用程序可以同时活动。

所谓程序的并发执行，是指若干个程序同时在系统中运行，这些程序的执行在时间上是重叠的，一个程序的执行尚未结束，另一个程序的执行已经开始，即使这种重叠是很小的一部分，也称这几个程序段是并发执行的。

为了能更形象地理解并发执行，可以编写这样一个演示程序，它由一个主程序和两个子程序构成。

①子程序 A：在屏幕第 10 行上，从左至右显示一条向前推进的直线 a。

②子系统 B：在屏幕第 20 行上，从左至右显示一条向前推进的直线 b。

③主程序：按指定的执行参数交替地调用子程序 A 和子程序 B。

当每次执行步数由多变少时，交替就会越来越频繁，在屏幕上看到的两条直线交替地向前推进，变成越来越接近同时移动。这个例子可以很好地理解微观上的交替执行和宏观上的同时执行。

2. 并发程序的特点

程序并发执行虽然卓有成效地增加了系统的处理能力和机器的利用率，但它也带来了一些新问题，出现了与顺序程序不同的特征。

① 失去程序的封闭性。如果并发程序间有公共变量，一个程序的执行可能改变另一个程序变量的内容，这时，程序的执行结果就可能依赖于各程序执行的相对速度，也就是失去了程序的封闭性特点。

现以两个并发的循环程序共用一个公共变量 N 来说明这个问题。设程序 A 每执行一次都要做 N：=N+1 操作，程序 B 每隔一定时间打印出 N 值，并将它重新置为零。由于程序 A 和程序 B 的执行都以各自独立的速度向前推进，故程序 A 的 N：=N+1 操作，既可在程序 B 的 PRINT（N）和 N：=0 操作之前，也可在其后或中间 [插在 PRINT（N）和 N：=0 操作之间]。设两个程序在开始某个循环之前，N 的值为 n0，执行完一个循环后，对应于这三种情况，打印机打印出来的值分别为 n0+1，n0，n0；执行后 N 的最终赋值为 0，1，0。之所以会出现错误，是因为它们公用了一个公共变量 N，而又没有采取恰当的措施。这个例子说明并发程序的执行结果与执行速度有关，也就是说，并发程序已失去了顺序程序所具有的封闭性和可再现性的特点。

② 程序与计算不再一一对应。程序和计算是两个不同的概念，前者是指令的有序集合，是静态的概念。而计算是指令序列在处理机上的执行过程，或处理机按照程序的规定执行操作的过程，是动态的概念。程序在顺序执行时，程序与计算有着一一对应的关系，但在并发执行时，这种关系就不再存在了。当多个计算任务共享某个程序时，它们都可以调用这个程序，且调用一次就是执行一次计算，因而这个程序可被执行多次，即这个共享的程序对应多个"计算"。例如，在多道程序运行环境下，两个用户作业都需要调用 C 编译程序。为了减少编译程序的副本，他们共享一个 C 编译程序（当然每个用户名带自己的数据区）。这样，一个编译程序能同时为两个作业服务，每个作业调用一次就是执行一次，即这个编译程序对应两个"计算"。

③ 程序并发执行的相互制约。当并发执行的各程序之间需要协同操作来完成一个共同的任务时，它们之间具有直接的相互制约关系，即存在一定的逻辑联系。

二、进程的定义

对于并发执行的程序来说，它有时处于执行状态，但由于并发程序之间的相互制约的原因，有时它需要等待某种共享资源，有时又可能要等待某些信息而暂时运行不下去了，只得处于暂停状态，而当使之暂停的因素消失后，程序又可以恢复执行，所以，并发程序执行时就是这样停停走走地向前推进的。换言之，由于程序并发执行时的直接或间接的相互制约关系，将导致并发程序具有"执行—暂停—执行"的活动规律，即与外界发生了密切的联系，从而失去了封闭性。在这种情况下，如果仍然使用程序这个概念，只能对它进行静止、孤立的研究，不能深刻地反映它们活动的规律和状态变化。因此，人们引入了新的概念——进程，以便从变化的角度，动态地分析研究并发程序的活动。

进程的概念是 20 世纪 60 年代初期，首先由麻省理工学院的 MULTICS 系统和 IBM 公司的 TSS/360 系统提出的。其后，有许多人对进程下过各式各样的定义。下面仅列举几种比较能反映进程实质的定义。

进程是这样的计算部分，它是可以和其他计算并行的一个计算。

进程（有时称为任务）是一个程序与其数据一道通过处理机执行所发生的活动。

任务（或称进程）是由一个程序以及与它相关的状态信息（包括寄存器内容、存储区域和链接表）所组成的。

所谓进程，就是一个程序在给定活动空间和初始环境下，在一个处理机上的执行过程。

进程也可以这样定义：所谓进程，就是一个程序在给定活动空间和初始环境下，在一个处理机上的执行过程。

上述这些对进程的解释从本质上讲是相同的，但各有侧重，这说明进程这一概念至今尚未形成公认的严格的定义。但是，进程已广泛而成功地被用于许多系统，成为构造操作系统不可缺少的强有力的工具。

进程和程序是既有联系又有区别的两个概念，它们的区别和关系如下：

①程序是指令的有序集合，其本身没有任何运行的含义，它是一个静态的概念。而进程是程序在处理机上的一次执行过程，是一个动态的概念。程序可以作为一种软件资料长期保存，而进程则是有一定生命期的，它能够动态地产生和消亡。即进程可由"创建"而产生，由调度而执行，因得不到资源而暂停，以致最后由"撤销"而消亡。

②进程是一个能独立运行的单位，能与其他进程并行地活动。

③进程是竞争计算机系统有限资源的基本单位，也是进行处理机调度的基本单位。

④同一程序同时运行于若干不同的数据集合上，它将属于若干个不同的进程。或者说，若干不同的进程可以包含相同的程序。这句话的意思是：用同一程序对不同的数据先后或同时加以处理，就对应于多个进程。例如，一个 C 编译程序可以同时为多个用户的 C 程序进行翻译工作，这就产生了多个编译进程。

进程是系统中独立活动的单位，系统中的多个进程是如何运行的呢？下面以例说明。

（1）例 1

设有 3 个排序程序，程序 A 采用冒泡排序算法，在屏幕的左 1/3 处开设一个窗口显示其排序过程；程序 B 采用堆排序算法，在屏幕的中 1/3 处开设一个窗口显示其排序过程；程序 C 采用快速排序算法，在屏幕的右 1/3 处开设一个窗口显示其排序过程。

① 在不支持进程运行环境的操作系统下，依次运行程序 A、程序 B、程序 C，在屏幕上可以看到屏幕左 1/3 窗口显示冒泡排序过程，接着在屏幕中 1/3 处显示堆排序过程，最后在屏幕右 1/3 处显示快速排序过程。

②在支撑进程运行环境的操作系统下建立进程 A、B、C，它们分别对应的程序是程序 A、B、C。若系统按时间片轮转的调度策略调度这 3 个进程，则这时在屏幕上开出 3 个窗口，同时显示按时间片轮转的 3 个排序过程。实际上这 3 个程序在轮流地占用 CPU 时间，由于 CPU 是高速运行，使用户看到的好像是这 3 个程序在同时执行。

（2）例 2

设有 2 个程序，程序 C 是打印工资报表的程序，程序 D 是计算 1000 以内所有素数并显示最后结果的程序。

① 在不支持进程运行环境的操作系统下依次执行程序 C、程序 D，可以看到，先是打印机不停地打印工资报表，打印完后，接着运行程序 C，不停地计算，最后显示所计算的结果。

② 在支持进程运行环境的操作运行下创建进程 C 和进程 D。由于进程 C 是 I/O 量较大的进程，而进程 D 是计算量较大的进程，故在系统进程调度的控制下，两个进程并发执行。可以看到打印机不断打印工资报表，而处理机不停地计算，最后屏幕显示计算的结果。同时用户可以看到，当具有这样不同特征的进程同存于系统中时，I/O 设备和处理机并行操作使系统资源运行的效率得到充分的发挥。

三、进程的状态及变迁

（一）进程的基本状态

进程有着"执行—暂停—执行"的活动规律。一般来说，一个进程并不是自始至终一口气运行到底的，它与并发执行的其他进程的执行是相互制约的。进程有时处于运行状态，有时又由于某种原因而暂停运行，处于等待状态，当使它暂停的原因消失后，它又可准备运行了。所以，在一个进程的活动期间至少具备 3 种基本状态，它们分别是：就绪状态、运行状态、等待状态（又称阻塞状态或挂起状态）。

1. 就绪状态（ready）

进程已获得除中央处理机之外的所有资源，它们已经准备就绪，一旦得到 CPU，就立即可以开始运行，这些进程所处的状态为就绪状态。

2. 运行状态（running）

进程得到中央处理机的控制权，它的程序正在其上运行，该进程所处的状态为运行状态。

3. 等待状态（wait）

若一进程正在等待着某一事件发生（如等待输入输出操作的完成而暂时停止执行），这时，即使给 CPU 时间，它也无法执行，则称该进程处于等待状态。

在一个实际的系统中，在进程活动期间至少要区分出就绪、运行、等待这 3 种状态来。原因是进程并发执行时存在相互制约的关系，有的进程可能因某种原因而处于等待状态，当使其等待的原因消失后，该进程又处于准备就绪状态。如果系统能为每个进程提供一台处理机的话，则系统中所有就绪进程都可以同时执行，但实际上处理机的数目总是少于进程数，因此，往往只有少数几个进程（在单处理机系统中，则只有一个进程）可真正获得处理机。有的系统较为复杂，还可设置更多的进程状态，例如等待状态可按等待原因不同进一步细分。

（二）进程的基本状态

进程的状态将随着自身的推进和外界条件的变化而发生变化。对于一个系统，可以用一张进程状态变迁图来说明系统中每个进程可能具备的状态及这些状态之间变迁的可能原因。在进程状态变迁图中，以结点表示进程的状态，以箭头表示状态的变化。从图中可以看出状态之间的演变以及它们相互转换的典型理由。由运行状态转变为就绪状态的可能原因是时间片用完，这种情况只有在分时系统才可能发生，在其他类型的操作系统中一般不发生这种状态变迁。

值得注意的是，处于运行状态的进程因请求某种服务而变为等待状态，但当该请求完成后，等待状态的进程并不能恢复到原运行状态，它通常是先转变为就绪状态，再重新由调度程序来调度。其原因用户可自行考虑。

上面介绍了进程的三个基本状态及状态的转换。那么，进程是如何产生和消亡的呢？进程是程序的一次执行过程，它是一个活动。当用户或系统需要一个活动时，可以通过创建进程的方法来产生一个进程。进程被创建后进入就绪状态。而当一个进程的任务完成时，可以通过撤销进程的方法使进程消亡。操作系统提供进程控制功能满足用户对进程活动控制的需要。

四、进程的描述

为了适应并开发程序设计的需要而引入了进程的概念。进程是程序的一次执行过程，那么，如何描述一个进程活动？进程是由哪几个部分组成的呢？下面讨论这两个问题。

（一）进程控制块

当程序并开发执行时，产生了动态特征，并由于并发程序之间的相互制约关系而造成了比较复杂的外界环境。为了描述一个进程和其他进程以及系统资源的关系，为了刻画一个进程在各个不同时期所处的状态，人们采用了一个与进程相联系的数据块，称为进程控制块（Process Control Block，PCB），或称为进程描述器（Process Descriptor）。当系统创建一个进程时，必须为它设置一个 PCB，然后根据 PCB 的信息对进程实施控制管理。进程任务完成时，系统就会收回它的 PCB，进程也随之消亡。

①进程标识符。每个进程都必须有唯一的标识符，可以用字符或编号表示。在创建一个进程时，由创建者给出进程的标识符。当进程创建成功后，它有一个内部标识符 PID。

② 进程当前状态。标识本进程目前所处状态（如运行、就绪、等待）。只有当进程处于就绪状态时，才有可能获得处理机，当某个进程处于等待状态时，要在 PCB 中说明等待的原因。

支持多任务运行的系统中，存在大量的进程，操作系统如何对这些进程实施有效的管理呢？操作系统采用的办法是组织队列，将具有相同状态的进程链在一起，组成各种队列。比如，将所有处于就绪状态的进程链在一起，称为就绪队列。把所有因等待某事件而处于等待状态的进程链放在一起，就组成了各种等待队列。而处于运行状态的进程在单处理机系统中只有一个，所以，使用一个运行指针（running）来指示当前处于运行状态的进程。

③当前队列指针。该项登记了处于同一状态下的下一个进程的 PCB 地址，以此将处于同一状态的所有进程勾连起来。每个队列有一个队列头，其内容为队列第一个元素的地址。

④ 总链对列指针。将系统中已建立的所有进程链接在一起形成的队列，称为总链队列，进程 PCB 中的该项内容是总链中的下一个 PCB 地址。

系统中存在大量的进程，它们依各自的状态分别处于相应的队列中，这便于对进程实施调度控制。当进行某些管理功能，如执行创建新进程的功能时，就感到系统具有所有进程的总链将是十分方便的。因为进程的标识符必须是唯一的，由创建者给出的被创建进程的名字是否会重名，必须先检查系统已有的进程名，但若分别在各个队列去查询将是十分麻烦的，所以，有的系统会提供一个进程总链结构。

⑤程序开始地址。该进程对应的程序将以此地址开始执行。

⑥ 进程优先级。进程优先级反映了进程要求 CPU 的紧迫程度，它将以其优先级的高低去争夺进行 CPU 的权利。进程优先级通常由用户预先提出或由系统指定。

⑦ CPU 现场保护区。当进程由于某种原因释放处理机时，CPU 现场信息被保存在 PCB 的该区域中，以便在该进程重新获得处理机后能继续执行。通常被保护的信息有工作寄存器、指令计数器以及程序状态字等。

⑧ 通信信息。是指每个进程在运行过程中与其他进程进行通信时所记录的有关信息。比如，可以包含正等待着本进程接收的消息个数、第一个消息的开始地址等。

⑨ 进程家族。有的系统允许一个进程创建自己的子进程，这样，就会组成一个进程家族。在 PCB 中必须指明本进程与家族的联系，如它的子进程和父进程的标识符。

⑩ 占有资源清单。不同的操作系统所使用的 PCB 结构是不同的。对于简单系统，PCB 结构较小。而在一些较复杂的系统中，PCB 所含的内容就比较多，比如，还可能

有 I/O、文件传输等控制信息。但是，一般 PCB 应包含的最基本内容如表 3.3.1 所示。

（二）进程的组成

从结构上讲，每个进程都由程序、数据和一个进程控制块 PCB 组成。

进程的程序部分描述了进程所要完成的功能。数据集合是程序在执行时所需要的数据和工作区。进程控制块，包含了进程的描述信息和控制信息，是进程的动态特征的集中反映。系统根据 PCB 而感知某一进程的存在，所以 PCB 是进程存在的唯一标志，或者说 PCB 是进程的唯一实体。一个程序可以存放在磁盘上，可以调入主存执行，但若一个系统不支持进程活动，它就不可能为一个程序的执行建立相应的 PCB 结构，也就不存在进程。只有在多任务系统中，才可能建立 PCB 结构，该系统才能够进行进程活动。

五、进程控制

（一）进程控制的概念

进程的状态是不断变化的，进程控制的职责就是对进程状态的变化实施有效的管理。它是处理机管理的一部分，通过建立进程控制机构，实现进程的创建、撤销和实施进程间同步、通信等功能。这一控制机构属于操作系统内核的一部分。内核是由一些具有特定功能的程序段组成的，它是通过执行各种原语操作来实现各种控制和管理功能的。原语是一种特殊的系统调用，它可以完成一个特定的功能，一般为外层软件所调用，其特点是原语执行时不可中断，在操作系统中原语作为一个基本单位出现。

用于进程控制的原语有创建原语、撤销原语、阻塞原语、唤醒原语等。对于应用程序而言，在多进程环境中，它包括一个主进程和可能出现的同时活动的多个子进程。为了完成用户程序的任务，用户必须能控制这些进程的活动，在操作系统方面应能提供控制功能，而用户则通过服务请求方式获得这些功能。

（二）进程创建与进程撤销

1. 进程创建

进程创建的功能是创建一个指定标识符的进程。主要任务是形成该进程的进程控制块 PCB。所以，调用者必须提供形成 PCB 的有关参数，以便在创建时输入。这些参数是：进程标识符、进程优先级、本进程开始地址，其他资源从父进程那里继承。当创建原语执行成功后，可以得到新创建的进程的内部标识符 PID。

进程创建原语的执行可以使进程的状态发生从无到有的变化。

2. 进程撤销

一个进程由进程创建原语而构成，当它完成了任务之后就希望终止自己。这时，应使用进程撤销原语而撤销自己。进程撤销原语的功能是将当前运行的进程（因为是自我撤销）的 PCB 结构归还给系统，所占用的资源归还给父进程，从总链队列中摘除它，然后转入进程调度程序。因为调用者自己被撤销，所以应由进程调度程序再选一个进程去运行。进程撤销原语的执行可以使进程的状态发生从有到消亡的变化。

（三）进程阻塞与进程唤醒

有了创建原语和撤销原语，虽然进程可以从无到有、从存在到消亡而变化，但还不能完成进程各种状态的转换。例如，由"运行"转换到"阻塞"，由"阻塞"转换为"就绪"，需要通过进程之间的同步或通信机构来实现，也可直接使用"阻塞原语"和"唤醒原语"来实现。

1. 进程阻塞。当一个进程所期待的某一事件尚未出现时，该进程调度会通过用阻塞原语将自己阻塞，转换为等待状态。阻塞原语的功能是：将调用阻塞原语的进程的 CPU 现场送至该进程的现场保护区，置该进程的状态为"等待"，并插入相应的等待队列中，然后转入进程调度程序，另选一个进程投入运行。

进程阻塞原语的执行可以使进程的状态发生从运行到等待的变化。

2. 进程唤醒。进程由运行转变为等待状态是因为进程必须等待某一事件的发生，所以处于等待状态的进程绝对不可能叫醒自己。比如，某进程正在等待输入/输出操作完成或等待其他进程发消息给它，只有当该进程所期待的事件出现时，才由"发现者"进程用唤醒原语唤醒它。一般来说，发现者进程和被唤醒进程是合作的并发进程。

当进程等待的事件发生时，唤醒原语开始执行其功能。唤醒原语的功能是：将等待该事件的进程从等待队列中摘下，置为"就绪"状态，最后，转进程调度。进程唤醒原语的执行可以使进程的状态发生从等待到就绪的变化。

六、进程的同步与互斥

系统中多进程以各自独立的速度向前推进。但这些进程同属于一个系统中，由于对资源的共享和并发进程之间的合作而形成一种相互制约关系。这种制约关系又分为间接和直接两种不同形式。间接的相互制约关系是由资源共享引起的，由系统的资源管理程序协调处理。而直接相互制约关系往往在一组合作进程中间发生，它们共同完成一个任务，这时也需同步协调，而这种协调是通过进程通信来实现的。即具有合作关系的一组进程之间需要交换信息，以便达到协调步伐的目的，也就是需要同步。所谓进程同步就是对于进程操作的时间顺序所加的某种限制。例如，"操作 A 应在操作 B 之前执行"，"操作 C 必须在操作 A 和 B 都完成之后才能执行"等。这是同步概念的广义定义。在同步规则中有一个较特殊的规则是，"多个操作决不能在同一时刻执行"，如"操作 A 和操作 B 不能在同一时刻执行"这种同步规则称为互斥。

（一）互斥的概念

下面先通过几个例子（如两个进程共享硬件资源、共享公用变量）来说明临界资源的概念，进而引出互斥和临界区的概念。

1. 临界资源

现代操作系统中，可同时有多个进程并发执行，它们共享着各种资源。然而，系统中有些资源具有这样的特点：一次只能为一个进程使用。在操作系统中，把一次仅允许一个进程使用的资源称为临界资源。许多物理设备，如输入机、打印机、磁带机等，都具有这种性质。除了物理设备外，还有一些软件资源，如变量、数据、表格、队列等，也都具有这一特点。它们虽可被若干进程所共享，但一次只能为一个进程所控制。下面举例说明。

① 多进程共享打印机。假定进程 A、B 共享一台打印机，若让它们任意使用，那么可能发生的情况是，两个进程的输出结果将交织在一起，很难区分。解决这一问题的办法是，进程 A 要使用打印机时首先提出申请，一旦系统把资源分配给它，就一直为它所独占。这时，即使进程 B 要使用打印机，也必须等待，直到 A 进程用完并释放后，系统才把打印机分配给进程 B 使用。

② 多进程共享公共变量。并发进程对公共变量进行访问和修改时，必须做某种限制，否则进程处理所得的结果可能发生错误。例如，假定在一个机票预订系统中，某一机座的订购情况由一个确定的主存单元的内容表示，若干个进程共享这一主存单元，即共享一个变量，设该公共变量为 m。如果一次有两个（或多个）进程同时存取该变量，那么就有可能使两家（或多家）旅行社同时订到该机座。下面的动作序列会导致这种令人遗憾的情况出现。

进程 A：旅行社 A 的订票业务

旅行社 A 查到该机有座位；

进程 B：旅行社 B 的订票业务

旅行社 B 查到该机有座位；

在上述的例子中，打印机和公共变量 m 都具有一次只能让一个进程使用的特点，它们都属于临界资源。

2. 临界区

在每个进程中，访问临界资源（如对公共变量进行审查与修改）的程序段称为相对于该公共变量的临界区或临界段。

例如，上例中两家旅行社都执行订购飞机票的业务，它们共用一个代表某飞机航班机座的公共变量 m。旅行社 A 查询该机是否有空座位（访问公共变量），如有，则预订该机座（修改公共变量），这段程序是旅行社 A 访问公共变量的程序段落，称为进程 A 关于公共变量 m 的临界区。同样，在旅行社 B 的订票业务中，也有一个访问公共变量 m 的程序段落，称为进程 B 关于公共变量 m 的临界区。进程 A 和进程 B 并发执行时，最多只能有一个可以进入临界区，否则就会造成错误。

值得注意的一点问题是，临界区是对某一资源而言的，对于不同资源的临界区，它们之间是不相交的，所以不必互斥地执行。而相对于同一公共变量的若干个临界区，则每次只能由一个进程访问。

3. 互斥

在操作系统中，当某一进程正在访问某一存储区域时，就不允许其他进程来读出或者修改存储区的内容，否则就会发生后果无法估计的错误。进程之间的这种相互制约关系称为互斥。

当两个进程共用一个变量时，它们必须有顺序地使用，一个进程对公共变量操作完毕后，另一个进程才能去访问和修改这一变量。到底哪一方优先读写，要根据问题的性质和设计人员的意图而定。

为禁止两个进程同时进入临界区内，操作系统提供同步机构来协调进程的关系，该同步机构都应遵循下述准则：

① 当有若干进程欲进入它的临界区时，应在有限时间内使进程进入临界区。换言之，它们不应相互阻塞而致使彼此都不能进入临界区。

② 每次至多有一个进程处于临界区。

③ 进程在临界区内仅停留有限的时间。

一般采用同步机构实现进程互斥。下面具体介绍用于实现进程互斥的同步机构。

（二）同步机构

为了实现用户进程的同步和互斥，操作系统必须提供同步机构，最常用的是信号灯及其在信号灯上的 P、V 操作。

1. 信号灯的概念

信号灯是铁路交通管理中常用的一种设备，交通管理人员利用信号灯的状态（颜色）实现交通管理。操作系统中使用的信号灯正是从交通管制中引用过来的一个术语。

信号灯是一个数据结构，由两个数据项 S、Q 组成，S 是一个具有非负初值的整型变量，Q 是一个初始状态为空的队列指针。整型变量 S 代表资源的实体，操作系统利用它的状态对并发进程、共享资源进行管理。信号灯的值只能通过 P、V 操作来改变，其可能的取值范围是负整数值、零、正整数值。信号灯是操作系统中实现进程间同步和通信的一种常用工具。

一个信号灯的建立必须经过说明，即应该准确说明 S 的意义和初值（注意，这个初值必须不是一个负值）。每个信号灯都有相应的一个队列，在建立信号灯时，队列为空。

2.P 操作

信号灯的数值仅能由 P、V 操作进行改变。

对信号灯的 P 操作记为 P(S)。P(S)是一个不可分割的原子操作,即取信号灯值,将其减 1,若相减结果为负,则调用 P(S)的进程被阻,并插入该信号灯的等待队列中,否则继续执行。

P 操作的主要动作如下:

① S 值减 1。

② 若相减结果大于或等于 0,则进程继续执行。

③ 若相减结果小于零,该进程被封锁,并将它插入该信号灯的等待队列中,然后转入进程调度。

3.V 操作

对信号灯的 V 操作记为 V(S)。V(S)是一个不可分割的原子操作,即取信号灯值,将其加 1。若相加结果大于零,进程继续执行,否则,要唤醒在信号灯等待队列上的另一个进程。V 操作的主要动作如下:

① S 值加 1。

② 若相加结果大于零,进程继续执行。

③ 若相加结果小于或等于零,则从该信号灯的等待队列中移出一个进程,解除它的等待状态,然后返回本进程继续执行。

(三) 用信号灯实现进程互斥

利用信号灯能方便地解决互斥问题。首先应设置用于互斥的信号灯,该信号灯的初值一定为 1,表示临界资源未被占用。其次,应把进入临界区的操作置于对该互斥信号灯的 P、V 操作之间,即可实现进程互斥。

(四) 同步的概念

1. 什么是进程同步

进程互斥主要是为了解决并发进程对临界区的使用问题。这种基于临界区控制的交互作用是比较简单的,只要诸进程对临界区的执行时间上实现互斥,就能保证程序的正确运行。

另外,还需要解决更广泛的进程同步问题。一组相互合作的并发进程,其中每一个进程都以各自独立的、不可预知的速度向前推进,但它们又需要密切合作,以实现一个共同的任务。在这些进程执行过程中,需要互通消息,相互协调。例如,相互合作的进程之间需交换一定的信息,当某进程未获得其合作进程发出的消息之前,该进程就等待,直到所需信息收到时才变为就绪状态(被唤醒),以便继续执行,从而实现了诸进程的协调运行。

所谓同步，就是并发进程在一些关键点上可能需要互相等待与互通消息，这种相互制约的等待与互通消息称为进程同步。进程同步意味着两个或多个进程之间根据它们一致同意的协议进行相互作用，即这些进程之间存在同步关系或称同步规则，要实现同步，一定要保证同步关系不受破坏，遵循同步规则。

2. 进程同步的例子

同步的例子不仅在操作系统中有，在日常生活中也大量存在。例如，医生为某病人看病，认为需要做某些化验，于是，就为病人开了化验单，病人取样送到化验室，等待化验完毕交回化验结果，然后继续看病。医生为病人看病是一个进程，化验室的化验工作又是另一个进程，它们是各自独立的活动单位，但因为它们共同完成治疗任务，所以需要交换信息。上述这两个合作进程之间有一种同步关系：化验进程只有在接收到看病进程的化验单后才开始工作；而看病进程只有获得化验结果后才能继续为该病人看病，并根据化验结果确定医疗方案。

下面举一个操作系统中进程合作的例子。假定计算进程和打印进程共同使用一个单缓冲，其中计算进程对数据进行计算，打印进程打印计算结果。当计算进程对数据的计算尚未完成，未把结果送入缓冲区之前，打印进程就无法执行打印操作。一旦计算进程把计算结果送入缓冲区时，就应该给打印进程发出一信号，打印进程收到该信号后，便可从缓冲区取出计算结果打印。反之，在打印进程未把缓冲区的计算结果取出打印之前，计算进程也不能再把下一次计算结果送入缓冲区。这同样需要打印进程在取走缓冲区中的计算结果时，给计算进程发送一信号，而计算进程只有在收到该信号后，才能将下一个计算结果送入缓冲区。计算进程和打印进程之间就是用这种发信号方式实现同步的。

（五）用信号灯实现进程同步

上述的计算进程和打印进程的同步问题是共享缓冲区的同步。下面讨论这类问题的同步规则及信号灯解法。

设某计算进程 CP 和打印进程 IOP 共用一个单缓冲。其中，CP 进程负责不断地计算数据并送入缓冲区 T 中，IOP 进程负责从缓冲区 T 中取出数据进行打印。

CP 进程和 IOP 进程必须遵循以下同步规则：

① 当 CP 进程把计算结果送入 BUF 时，IOP 进程才能从 BUF 中取出结果去打印，即当 BUF 内有信息时，IOP 进程才能动作，否则必须等待。

② 当 IOP 进程把 BUF 中的数据取出打印后，CP 进程才能把下一个计算结果送入 BUF 中，即只有当 BUF 为空时，CP 进程才能动作，否则必须等待。

为了遵循这一同步规则，这两个进程在并发执行时必须进行通信，即进行同步操作。为此，设置两个信号灯 SA 和 SB。信号灯 SA 表示缓冲区中是否有可供打印的计算结果，其初值为 0。每当计算进程把计算结果送入缓冲区后，便对 SA 执行 V（SA）

操作，表示已有可供打印的结果。打印进程在执行前须先对 SA 执行 P（SA）操作。若执行 P 操作后 SA=0，则打印进程可执行打印操作；若执行 P 操作后 SA<0，表示缓冲区中尚无可供打印的计算结果，打印进程被阻。信号灯 SB 用以表示缓冲区有无空位置存放新的信息，其初值为 1。当计算进程得到一个结果，要放入缓冲区之前，必须先对 SB 做 P（SB）操作，看缓冲区是否有空位置。若执行 P 操作后 SB=0，则计算进程可以继续执行，否则，CP 进程被阻，等待 IOP 进程从缓冲区取走信息后将它唤醒。打印进程把缓冲区中的数据取走后，便对 SB 执行 V（SB）操作，与 CP 进程通信，即告之缓冲区信息已取走，又可存放新的信息了。

七、线程

前面已讨论了有关进程的概念，进程是程序在处理机上的一次执行过程，它具有一个单一的控制路径和一个地址区域。在多任务系统中，进程是系统中进行处理机调度的最小单位。为什么要提出线程概念？什么是线程？

（一）什么是线程

在有些现代操作系统中，提供了对单个进程中多条控制线索的支持。这些控制线索通常称为线程（threads），有时也称为轻量级进程（light weight processes）。

线程是比进程更小的活动单位，它是进程中的一个执行路径。一个进程可以有多条执行路径，即线程。这样，在一个进程内部就有多个可以独立活动的单位，能够加快进程处理的速度，进一步提高系统的并行处理能力。

线程可以这样来描述：

① 进程中的一条执行路径。

② 它有自己私用的堆栈和处理机执行环境（尤其是处理器寄存器）。

③ 它与父进程共享分配给父进程的主存。

④ 它是单个进程所创建的许多个同时存在的线程中的一个。

线程和进程既有联系又有区别，对于进程的构成，可以高度概括为以下几个方面：

① 一个可执行程序，它定义了初始代码和数据。

② 一个私用地址空间（addressspace）。它是进程可以使用的一组虚拟主存地址。

③ 进程执行时所需系统资源，如文件、信号灯、通信端口等。它们是程序执行时，由操作系统分配给进程的。

④ 若系统支持线程运行，那么，每个进程至少有一个执行线程。

进程是任务调度的单位，也是系统资源的分配单位；而线程是进程中的一条执行路径，当系统支持多线程处理时，线程是任务调度的单位，但不是系统资源的分配单位。线程完全继承原进程占有的资源，当它活动时，具有自己的运行现场。

（二）线程的特点与状态

1.线程的特点

创建一个线程和对它们进行管理，与创建进程和进程管理相比较，开销要小得多。因为线程可以共享原进程的所有程序和全局数据，这意味着创建一个新线程只涉及最小量的主存分配（线程表），也意味着一个进程创建的多个线程可以共享地址区域和数据。

在进程内创建多线程，可以提高系统的并行处理能力。例如，一个文件服务器，某时刻它正好被封锁在等待磁盘操作上，如果这个文件服务器进程具有多个控制线程，那么当另一个线程在等待磁盘操作时，第二个线程就可以运行，比如它又可接收一个新的文件服务请求。

这样可以提高系统的性能和提供较高的信息流通量。又如，在当前的 Windows 系统中，字处理程序要运行一个大型文档时，可以生成一个线程来安装这个大型文档，再生成另一个线程来控制 Cancel 按钮，用于管理中途中止，那么，不论用户何时想中断文件装入操作，都可以通过击键来中断它。

2.线程的状态及变迁

如果一个系统支持线程的创建与线程的活动，那么，处理机调度的最小单位是线程而不是进程。一个进程可以创建一个线程，那么它具有单一的控制路径，一个进程也可创建多个线程，那么它就具有多个控制路径。这时，线程是争夺 CPU 的单位。线程也有一个从创建到消亡的生命过程，在这一过程中它具有运行、等待、就绪或终止等几个状态。

① 创建。建立一个新线程，新生的线程将处于新建状态。此时它已经有了相应的主存空间和其他资源，并已被初始化。

② 就绪。线程处于线程就绪队列中，等待被调度。此时它已经具备了运行的条件，一旦分到 CPU 时间，就可以立即去运行。

③ 运行。一个线程正占用 CPU，执行它的程序。

④等待。一个正在执行的线程如果发生某些事件，如被挂起或需要执行费时的 I/O 操作时，将让出 CPU，暂时中断自己的执行，进入阻塞状态。等待另一个线程唤醒它。

⑤终止。一个线程已经退出，但该信息还没被其他线程所收集（在 UNIX 术语中，父线程还没有做 wait）。

线程与进程一样，是一个动态的概念，也有一个从产生到消亡的生命周期。

线程在各个状态之间的转化及线程生命周期的演进是由系统运行的状况、同时存在的其他线程和线程本身的算法所共同决定的。在创建和使用线程时应注意利用线程的方法宏观地控制这个过程。

参考文献

[1] 聂煜璇 . 大数据的技术经济特征及对工商行政管理的影响 [J]. 企业改革与管理，2019(03)：72-73.

[2] 赵舜尧 . 数据的技术经济特征及对工商行政管理的影响分析 [J]. 山西农经，2018(03)：97，102.

[3] 陈超 . 工商行政管理信息化建设为大数据监管提供有力支撑 [J]. 计算机与网络，2017，43(18)：4.

[4] 李寿中 . 切实加强和改善基层工商队伍建设 [J]. 决策导刊，2010，(07)：45-46.

[5] 张士茂 . 论加强工商行政管理能力建设 [J]. 武汉学刊，2005(03)：71-72.

[6] 成都市人民政府办公厅 . 成都市人民政府办公厅关于进一步加强全市工商行政管理工作的意见 [J]. 成都市人民政府公报，2015(08)：1-2.

[7] 段劲松 . 坚持"三为"推动工商行政管理履职 [J]. 新重庆，2012(09)：49-50.

[8]《工商行政管理教程》等教材简介 [J]. 广东培正学院学报，2009(01)：65-66.

[9] 24 年来中国共查处各类不正当竞争案 70 余万件 [J]. 中国专利与商标，2018(01)：91-92.

[10] 郝如玉 . 大数据是工商行政管理改革的动力和支撑 [J]. 中国市场监管研究，2013(11)：10-11.

[11] 路颖 . 应用大数据提升工商行政管理服务和监管能力的探究 [J]. 科技经济导刊，2018(22)：277.

[12] 贲慧，熊珂，姚晶晶，等 . 大数据技术的应用对医院经营管理的影响 [J]. 中国卫生产业，2016，13(9).

[13] 王淑娟，石晓宇，等 . 大数据应用对现代信息化医院竞争力的影响 [J]. 现代医院管理，2015(1)：68-71.

[14] 宋理国 . 基于大数据视角对医院信息化和网络数据安全建设的分析 [J]. 网络安全技术与应用，2016(6)：67-67.

[15] 李武松 . 试论云计算与大数据时代医院信息化的转变 [J]. 网络安全技术与应用，2018.

[16] 王梦洁，陈昊，何小舟 . 论大数据技术在医院管理应用的风险与防范 [J]. 江苏

卫生事业管理，2016，27(2)：13-15.

[17] 吕晓娟，张麟，陈莹，等 . 大数据时代医院管理决策面临的机遇与挑战 [J]. 中国数字医学，2016，11(2)：16-18.

[18] 胡登利，张莹，赵振宇，等 . 大数据时代医院管理体系的反馈机制应用和启示 [J]. 中国医院，2015(8)：58-59.

[19] 王吉善，陈晓红，杜鑫，等 . 大数据时代医院管理的新方法从数字中寻找问题改进机会 [J]. 中国卫生质量管理，2016，23(5)：21-22.

[20] 窦伟洁，宋燕，宋奎勐，等 . 大数据在现代医院管理中的应用及 SWOT 分析 [J]. 卫生软科学，2019，33(2)：57-60.